高等职业教育"岗课赛证"融通系列教材

园林绿化养护

庾庐山　徐一斐　邹水平　主编

化学工业出版社

北京

内容简介

本书针对园林绿化养护岗位工作特点，以职业能力培养为根本出发点，采用模块化的编写方式编写，内容涉及园林绿化养护岗位人员必备的职业素养、土肥水管理、植物整形修剪、病虫害防治、园林器械使用和维护、日常养护管理等知识技能。全书体现现代学徒制特色，校企共同参与编写，对接行业企业岗位需求，通过企业实例图文并茂地讲授岗位各项技能。为检验和巩固技能知识，设置了6套技术训练习题，并配有答案。本书配套课程标准、教案、教学课件PPT，教师登录化工教育网注册后即可下载。

本书适用于园林技术专业、园林工程技术专业、风景园林设计专业等相关专业，也可供园林园艺工作者、兴趣爱好者参考。

图书在版编目（CIP）数据

园林绿化养护/庾庐山，徐一斐，邹水平主编．—北京：化学工业出版社，2023.10
高等职业教育"岗课赛证"融通系列教材
ISBN 978-7-122-43927-7

Ⅰ.①园… Ⅱ.①庾…②徐…③邹… Ⅲ.①园林植物-园艺管理-高等职业教育-教材 Ⅳ.①TU986.2

中国国家版本馆CIP数据核字（2023）第142038号

责任编辑：张　阳　迟　蕾　李植峰　　　文字编辑：师明远
责任校对：王鹏飞　　　　　　　　　　　　装帧设计：张　辉

出版发行：化学工业出版社（北京市东城区青年湖南街13号　邮政编码100011）
印　　装：中煤（北京）印务有限公司
787mm×1092mm　1/16　印张8¾　字数200千字　2023年11月北京第1版第1次印刷

购书咨询：010-64518888　　　　　　　　　售后服务：010-64518899
网　　址：http://www.cip.com.cn
凡购买本书，如有缺损质量问题，本社销售中心负责调换。

定　价：49.00元　　　　　　　　　　　　　　　　版权所有　违者必究

编写人员名单

主　　编　庾庐山　徐一斐　邹水平
副 主 编　赵富群　胡春梅　孙延军　肖　革
编写人员（按姓氏拼音排序）

步红凤（常德职业技术学院）
邓阿琴（湖南环境生物职业技术学院）
郭玉姣（岳阳职业技术学院）
胡春梅（湖南环境生物职业技术学院）
侯　霏（广东百林生态科技股份有限公司）
林仲桂（湖南环境生物职业技术学院）
李雪梅（湖南环境生物职业技术学院）
李静纳（湖南环境生物职业技术学院）
李　妙（湖南生物机电职业技术学院）
刘飞渡（湖南环境生物职业技术学院）
欧阳英（湖南生物机电职业技术学院）
宋光桃（湖南环境生物职业技术学院）
申明达（永州职业技术学院）
苏先科（湖南省一建园林建设有限公司）
孙　琼（湖南环境生物职业技术学院）
孙延军（广东生态工程职业学院）
谭秀敏（广东百林生态科技股份有限公司）
汤　辉（岳阳职业技术学院）
吴小业（广东百林生态科技股份有限公司）
徐一斐（湖南环境生物职业技术学院）
向　友（怀化职业技术学院）
肖　革（湖南小埠今业生态科技股份有限公司）
严　昭（湖南环境生物职业技术学院）
庾庐山（湖南环境生物职业技术学院）
邹水平（广东百林生态科技股份有限公司）
赵富群（湖南环境生物职业技术学院）
竹　丽（长沙环境保护职业技术学院）
赵留飞（广东百林生态科技股份有限公司）

前 言

随着社会的快速发展，我们的居住环境日新月异，各类园林工程项目的设计和施工逐渐达到"饱和"状态，其技术也日趋成熟。施工的后期更多的是养护管理工作，所以说园林绿地的建成并不代表园林景观的完成。俗话说"三分种，七分养"，只有高质量、高水平的园林绿化养护管理，才能守护好祖国的绿水青山，才能达到完美的景观效果。科学的、规范的、专业的养护管理的重要意义主要体现在以下几方面：第一，及时、科学的养护管理可以克服园林植物在种植过程中对植物枝叶、根系所造成的损伤，保证成活率，迅速恢复生长势，是充分发挥景观美化效果的重要手段；第二，经常、有效、合理的日常养护管理，可以使园林植物适应各种环境因素，克服自然灾害和病虫害的侵袭，保持健壮、旺盛的自然长势，增强绿化效果，是发挥园林植物在园林中多种功能效益的有力保障；第三，长期、科学、专业、精心的养护管理，不仅可以预防园林植物的早衰，延长其生长寿命，保持优美的景观效果，还可以节省开支，是提高园林经济、社会效益的有效途径。

园林绿化养护管理工作在园林绿化工程中起着举足轻重的作用，是一种持续性、长效性的工作，有较高的技术要求。本书主要针对国家现代学徒制园林技术专业的园林绿化养护岗位必备的技能要求进行编写，校企共同参与，目的是有针对性地培养学生的专项技能，对接行业企业岗位需求，让毕业生能够顺利承担并胜任企业工作。全书共设置8个模块：职业岗位概述，园林绿化养护管理制度和标准，土壤、肥料和水分管理技术，园林植物整形修剪技术，园林植物病虫害识别与防治技术，园林机具使用与维护技术，绿化养护期间的管理技术方案，职业技能知识题库。内容翔实、图文并茂、通俗易懂、可操作性强，无论是业余爱好者还是园林园艺工作者，均可从书中了解到园林绿化养护管理的相关技能知识。

本书由庾庐山、徐一斐、邹水平担任主编，赵富群、胡春梅、孙延军、肖革担任副主编，步红凤、宋光桃、邓阿琴、郭玉姣、侯霏、林仲桂、李雪梅、李静纳、李妙、刘飞渡、欧阳英、申明达、苏先科、谭秀敏、汤辉、孙琼、吴小业、向友、严昭、竹丽、赵留飞作为参编。在此，对学校、公司的大力支持，表示感谢。由于时间、精力所限，书中难免有不足之处，欢迎广大读者、专家批评、指正！

庾庐山

目 录

模块 1　职业岗位概述　/　001

1.1　职业岗位简介　/　001
1.1.1　岗位概况　/　001
1.1.2　岗位人才成长路径和具备条件　/　001

1.2　职业素养要求和岗位职责　/　002
1.2.1　园林绿化养护岗位人员的职业素养要求　/　002
1.2.2　园林绿化养护岗位人员的职责　/　003

模块 2　园林绿化养护管理制度和标准　/　004

2.1　园林绿化养护管理制度　/　004
2.1.1　园林绿化养护管理要求　/　004
2.1.2　园林绿地管理　/　004
2.1.3　园林植物管理　/　004
2.1.4　园林设施管理　/　005
2.1.5　绿化养护的安全文明措施　/　005

2.2　园林绿化养护管理标准　/　005
2.2.1　道路绿化养护管理标准　/　005
2.2.2　小游园养护管理标准　/　008

模块 3　土壤、肥料和水分管理技术　/　011

3.1　土壤、肥料和水分管理技术概述　/　011
3.1.1　土、肥、水管理的目的和作用　/　011
3.1.2　土壤准备　/　011
3.1.3　肥料种类和施用　/　018
3.1.4　灌溉　/　023
3.1.5　排水方法　/　026
3.1.6　绿地养护措施　/　026
3.1.7　绿地修复、清洁保护、维护措施　/　030

3.2　土、肥、水管理养护实例　/　031
3.2.1　树木类种植及养护　/　031
3.2.2　地被类种植及养护　/　034

模块 4　园林植物整形修剪技术　/　036

4.1　园林植物整形修剪技术概述　/　036
4.1.1　整形修剪的目的和作用　/　036
4.1.2　整形修剪的时间　/　037
4.1.3　整形修剪的技术要点和注意事项　/　037

4.1.4 苗木种植前的修剪规范 / 041
4.1.5 适合造型的园林植物 / 042
4.1.6 确定园林植物的造型方向和原则 / 042

4.2 园林修剪整形项目实例 / 048
4.2.1 树木栽植前修剪 / 048
4.2.2 日常修剪整形 / 049
4.2.3 特殊的整形修剪 / 049
4.2.4 花灌木的整形修剪 / 049
4.2.5 花钵、花箱植物修剪整形 / 050
4.2.6 草坪修剪 / 050
4.2.7 某小区庭院园林植物景观现场养护成品案例 / 051

模块 5　园林植物病虫害识别与防治技术 / 055

5.1 园林植物病虫害识别与防治技术概述 / 055
5.1.1 园林植物病虫害防治的目的和作用 / 055
5.1.2 园林植物病虫害防治的基本要求 / 056
5.1.3 园林植物病虫害防治的方法 / 063
5.1.4 主要园林植物常见病虫害的识别与防治 / 067
5.1.5 园林植物病虫害防治的时期 / 072

5.2 园林植物病虫害防治实例 / 072

模块 6　园林机具使用与维护技术 / 075

6.1 园林机具使用与维护技术概述 / 075
6.1.1 园林手工工具的选择与保养 / 075
6.1.2 园林机械的使用 / 076
6.1.3 园林机械设备的管理 / 078
6.1.4 割草机的使用和维护 / 079

6.2 常用园林机械的使用案例 / 085
6.2.1 绿篱剪（大平剪）/ 085
6.2.2 园林手锯 / 085
6.2.3 割草机 / 086
6.2.4 微耕机 / 086
6.2.5 背负式手动喷雾器 / 087
6.2.6 绿化洒水车 / 087
6.2.7 电动绿篱机 / 088
6.2.8 电动高枝剪 / 088

模块 7　绿化养护期间的管理技术方案 / 089

7.1 项目概况 / 089

7.2 养护档案管理制度、安全文明施工措施 / 090
7.2.1 养护档案建档、保管制度 / 090
7.2.2 安全文明施工措施 / 090

7.3 各专业工种人员和园林机械的配备及劳动力安排 / 092

7.4 养护方案及措施、病虫害防治方案 / 092
7.4.1 浇水与排水 / 092
7.4.2 施肥 / 092
7.4.3 除草 / 093
7.4.4 修剪 / 093
7.4.5 病虫害防治 / 093
7.4.6 全年养护计划 / 094

7.5 恶劣天气应急预案，抢险救灾措施 / 097
7.5.1 灾害类型 / 098
7.5.2 应急及防护措施 / 098

7.6 排水沟渠的疏理和相关配套设施的养护管理 / 100
7.6.1 防止水土流失和加强废料处理 / 100
7.6.2 防止或减轻水、大气和噪声污染 / 101
7.6.3 绿地环境保护和配套设施的维护 / 101

7.7 保洁、抢险、巡查处理预案 / 101
7.7.1 卫生保洁责任落实 / 101
7.7.2 抗灾保绿，突发事件抢险预案 / 101
7.7.3 巡查 / 102

7.8 绿化人员作业规程 / 102
7.8.1 绿化人员工作职责 / 102
7.8.2 修剪作业指导书（工作程序）/ 102
7.8.3 病虫害防治作业指导书（工作程序）/ 103
7.8.4 剪草机安全操作规程（工作程序）/ 105
7.8.5 喷雾器安全操作规程（工作程序）/ 105
7.8.6 施肥作业指导书（工作程序）/ 106
7.8.7 植物浇灌水作业指导（工作程序）/ 107

7.9 绿化养护工作程序 / 108

7.10 项目养护管理照片 / 111
7.10.1 项目备草区 / 111
7.10.2 日常打药杀虫 / 111
7.10.3 园区灌木日常修剪整形 / 111
7.10.4 园区主路行道树修剪 / 112
7.10.5 高尔夫球场草坪修剪 / 113
7.10.6 日常浇水养护与草坪补植 / 114

模块 8　职业技能知识题库　/　115

8.1 园林绿化养护管理技术训练习题（理论知识部分）/ 115
8.2 园林绿化养护管理技术训练习题（实际操作部分）/ 119
8.3 园林绿化养护管理技术（修剪整形）训练习题（理论知识部分）/ 120
8.4 园林绿化养护管理技术（修剪整形）训练习题（实际操作部分）/ 124
8.5 园林绿化养护管理技术（病虫害防治）训练习题（理论知识部分）/ 125
8.6 园林绿化养护管理技术（病虫害防治）训练习题（实际操作部分）/ 129

附录 / 130

附表 1 拟投入本工程的主要施工设备表 / 130

附表 2 拟配备本工程的试验和检测仪器设备表 / 130

附表 3 劳动力计划表 / 131

参考文献 / 132

模块 1
职业岗位概述

1.1 职业岗位简介

园林绿化养护管理工作在园林绿化工程中起着举足轻重的作用，它是一种持续性、长效性的工作，有较高的技术要求。园林绿化养护管理工作内容包括园区的整体面貌维护、土肥水管理、修剪整形、病虫害防治、植物保护、花坛花境的花卉种植、环境保洁、园林机械的使用和维护、日常管理等内容。园林绿地的建成并不代表园林景观的完成，俗话说"三分种，七分养"，只有做到高质量、高水平的养护管理，园林景观才能逐渐达到完美的景观效果。

1.1.1 岗位概况

专业名称：绿化养护（园艺技术、园林技术、园林工程技术、植物保护与检疫技术等）。
岗位名称：园林绿化养护与管理。
岗位定义：从事园林绿化的养护与管理、园林机械和设施设备的保养和维护。
适用范围：园林绿地土、肥、水管理，园林绿化整形修剪，园林植物病虫害防治，园林机械的使用和维护等。

1.1.2 岗位人才成长路径和具备条件

从事园林绿化养护岗位的人员必须具备初中以上的文化程度。根据园林绿化养护工掌握的工作技能可分为初、中、高三个等级，在不同技能等级岗位上就职的园林养护工，必须达到和符合相应的岗位标准。

（1）初级绿化养护岗位人员
① 了解从事园林维护的工作内容和岗位职责。
② 了解园林绿地施工及养护管理的操作规程和规范。
③ 认识常见的园林植物，能区分不同园林植物的形态特征，并了解环境因子对园林植物的影响。

④ 了解常见的园林植物病虫害和相应的防治方法，以及安全使用和保管药剂的知识。
⑤ 了解当地园林土壤的基本性状和常用肥料的使用和保管方法。
⑥ 识别常见园林植物（至少 50 种）和园林植物病虫害（至少 10 种）。
⑦ 按操作规程初步掌握园林植物移栽、运输等主要环节内容。
⑧ 在中、高级绿化养护岗位人员指导下完成修剪、病虫害防治和肥水管理等各项工作。
⑨ 能正确操作和保养常用的园林机具。

（2）中级绿化养护岗位人员
① 掌握园林养护的基本规程，了解园林设计和施工的一般知识，能看懂园林设计图纸，掌握园林养护的基本要领。
② 掌握园林植物的生长习性和生长规律及养护管理要求，掌握园林植物的配置规律，掌握大树移植和大树复壮的操作规程、质量标准。
③ 掌握常见园林植物病虫害发生的规律及常用药剂的使用。了解新药剂（包括生物药剂）的应用常识。
④ 掌握当地土壤改良的方法和肥料的性能及使用方法。
⑤ 掌握常用园林机具的性能及操作规程，了解机具的一般原理及故障排除办法。
⑥ 能识别 80 种以上的园林植物和园林植物病虫害（至少 15 种）。能按照设计方案和质量标准，进行各类园林植物的栽植、维护和管理。
⑦ 能按照技术操作规程正确、安全地完成大树移植，并采取必要的养护管理措施。
⑧ 能根据不同类型植物的生长习性和生长情况提出肥水管理的方案，进行合理的整形修剪。
⑨ 能根据植物生长和病虫害发生的规律，正确选择和使用农药以控制常见病虫害。
⑩ 正确使用常用的园林机具，并能判断和排除故障。

（3）高级绿化养护岗位人员
① 了解植物生态学和植物生理学的相关知识，并能在园林养护工作中适当地应用。
② 掌握园林设计施工的基本知识，熟悉有关的技术规程、规范。熟悉所在工作地的植物类型、气候特点和土壤条件。
③ 掌握各类园林的养护管理技术，熟悉有关的技术规程、规范。
④ 了解国内外先进的园林维护技术。
⑤ 能组织完成各类复杂园林类型的施工和日常维护。
⑥ 熟练掌握常用观赏植物的整形、修剪和艺术造型。
⑦ 具有一项以上的维护技术特长，并能在园林维护中熟练应用。
⑧ 能对初、中级岗位人员进行示范操作，传授技能，解决操作中的疑难问题。

1.2 职业素养要求和岗位职责

1.2.1 园林绿化养护岗位人员的职业素养要求

① 遵守国家法律、法规，国家的各项政策和各项技术安全操作规程，以及本单位的规

章制度，具有良好的品格，无违法、犯罪记录。

② 树立良好的职业道德、爱岗敬业、吃苦耐劳、诚信守法、乐于奉献的精神，以及刻苦钻研技术的精神。

③ 为人正派，廉洁奉公，坚持原则，工作勤恳，责任心强；具有较强的沟通、协调能力及团队合作精神。

④ 具有执着专注、作风严谨、精益求精、敬业守信、推陈出新的大国工匠精神；具备材料节约、成品保护、环境保护意识；具有专业园林养护和管理的常识、安全文明施工意识。

⑤ 具有一定的文化和业务知识，具备主动学习的能力，不断探索和研究，攻坚克难，妥善处理工作中出现的各种问题。

1.2.2 园林绿化养护岗位人员的职责

① 掌握业务技术，熟悉园区绿化布局和责任区域的职责范围，以及花草树木的品种和数量，掌握花草树木的生长习性及特征，以便实施相应的养护管理方案。

② 熟练掌握辖区范围内所有苗木生长状况，及时提出养护工作意见，做好养护工作计划，落实养护人员工作任务。按规定要求，对植物进行整形修剪，调节和控制植物生长、开花和结果。

③ 及时掌握苗木生长规律，根据植物的特性、气候和土壤水分的变化规律来决定浇水量和次数。根据具体情况每月对园区植物进行一次病虫害防治，提高社区环境质量。预防病虫害发生，加强预防和治理，根据植物种类、生长阶段、土壤状况进行针对性的施肥，并对不同植物采取不同的施用方法。

④ 正确并熟练使用园林机械，并做好园林机械的保养工作。经常检查部门养护设施、设备、机械工具，使之随时处于良好状态。

⑤ 负责绿化专用设备工具的管理使用工作，并经常提醒工人提高安全生产意识，杜绝一切事故发生，保证操作全过程的安全。

⑥ 负责检查绿化养护工作任务落实情况，服从绿化主管的工作安排和调动，接受部门领导对绿化工作的巡视检查，完成领导交给的其它任务。

模块 2
园林绿化养护管理制度和标准

2.1 园林绿化养护管理制度

2.1.1 园林绿化养护管理要求

绿化养护管理制度健全，管理记录健全，管理得当，达到黄土不露天的效果。

2.1.2 园林绿地管理

① 绿地完整，无堆物、堆料、搭棚，树干无钉拴、刻划等现象。行道树下距树干 2m 以内无堆物、堆料、搭棚等影响树木生长和养护管理现象。
② 保持场地整洁、造型美观，不影响园容园貌，保持园区卫生整洁，无废弃物。
③ 广场、游园内严格执行车辆管理规定，园内无违规车辆出入现象，各种车辆定点存放。
④ 绿地整洁，无杂物、无白色污染（树挂），对绿地生产垃圾（树枝、树叶等）及绿地内水面杂物，重点地区随产随清，其它地区日产日清，做到巡视保洁。游路、休闲场地卫生干净，随时清扫全日保洁，地面破损恢复及时。

2.1.3 园林植物管理

① 乔木树冠完整，树形整齐美观，分枝点合适，主侧枝分布均匀、数量适宜，内堂不乱、通风透光、无枯枝，修剪科学合理。
② 行道树定干高度相同或相近，规格一致，修剪造型美观，不妨碍行人、车辆通过，无缺株。树上无枯枝，种植穴无垃圾，土质疏松。
③ 花灌木生长旺盛，叶色鲜亮具有光泽，冠幅丰满，群植时株行距均匀；栽植地或株下无垃圾、杂草；及时清理枯死衰败枝条，种植区域内无缺株现象。
④ 绿篱整形植物生长旺盛，枝叶茂盛，整齐一致，修剪及时，达到图形清晰美观，曲线圆滑。

⑤ 草坪生长整齐，长势旺盛，色泽均匀嫩绿，无杂草、无疯长现象，覆盖率99%以上，修剪均匀整齐，无漏剪、少剪现象，修剪后及时清除杂草。

⑥ 按照宜植必植原则，花架处种植攀缘植物和藤本植物应根据不同的攀缘特点，及时采取相应的绑缚、牵引等措施。

2.1.4　园林设施管理

① 园林设施完整率达80%以上。

② 雕塑定期刷新，景石、小品清洁完整，对残缺、破烂的及时维修、更换。

③ 各类灯饰、水电设施运行良好，及时维护和随时清除安全隐患。

2.1.5　绿化养护的安全文明措施

① 树立安全第一的思想，增强安全思想意识，注重安全，把安全工作放在首位，确保生命财产不受损失。

② 做好安全工作的宣传与检查，对新员工上岗前要进行安全知识的培训，切实落实各项安全措施。

③ 员工在喷药工作时，要佩戴口罩、眼镜与胶手套，方能操作。在喷药过程中，原则上不能吸烟，不能接触食品，更不能将其入口而食。喷药后要清洗干净手、脸并更换衣服，之后才能饮食，切实防止人员中毒的事故发生。（注：天气炎热，喷药时间应为上午11时前；下午3时至6时，防止高温喷药，易造成药害与人员中毒。）

④ 员工在进行剪草与修剪树木等维护工作时，应按技术规范进行操作，正确使用剪草机、绿篱修剪机等，防止机具伤害人员的事故发生。

⑤ 在绿化管理过程中，凡是清理出来的园林垃圾（枝叶）等杂物，未经同意，不准将其随地烧毁，要按明火的管理规定执行。

⑥ 仓库内的各种物品，如农药、化肥、易燃物品等要分类堆放，做好防潮、防火、防腐蚀、防盗安全措施，库内应按规定配备灭火器，绿化工作人员要学会使用灭火器。

⑦ 员工在绿化管理工作过程中，凡是高空作业（包括攀爬树木、用油锯锯树枝等作业），要采取一定的安全防护措施。必须系好安全带才能进行作业，切实防止人员伤亡事故的发生。

2.2　园林绿化养护管理标准

2.2.1　道路绿化养护管理标准

本标准适用于城市行道树、分车带、花带、花坛（台）、中心绿岛和沿街绿地的绿化养护。

（1）道路绿化养护管理质量标准

一级：

① 树木生长旺盛、健壮，根据植物生长习性，合理修剪整形，保持树形整齐美观，骨

架均匀，树干基本挺直。

② 树穴、花池、绿化带及沿街绿地平面低于沿围平面 5～10cm，无杂草，无污物、杂物，无积水，清洁卫生。

③ 行道树缺株在 1% 以下，无死树、枯枝。

④ 树木基本无病虫危害症状，病虫危害程度控制在 5% 以下，无药害。

⑤ 无人为损害，无乱贴、乱画、乱钉、乱挂、乱堆、乱放的现象。

⑥ 种植 5 年内新补植行道树同原有的树种，规格保持一致，有保护措施。

⑦ 新植、补植行道树成活率达 98% 以上，保存率达 95% 以上。

⑧ 绿篱生长旺盛，修剪整齐、合理，无死株、断档，无病虫害症状。

⑨ 草坪生长旺盛，保持青绿、平整、无杂草。高度控制在 10cm 左右，无裸露地面，无成片枯黄。枯黄率控制在 1% 以内。

⑩ 花坛、花带、花台植物生长健壮，花大艳丽，整齐有序，定植花木花期一致，开花整齐、均匀，换花花坛（台）及时换花，整体观赏效果好。

二级：

① 树木生长旺盛，根据植物生长习性，修剪基本合理，树形整齐美观，骨架基本均匀，树干基本挺直。

② 树穴、花池、绿化带及沿街绿地平面低于沿围平面 5cm 左右，基本无杂草，无污物、杂物，无积水，基本清洁。

③ 行道树缺株在 2% 以下，无死树、无明显枯枝。

④ 树木基本无明显病虫危害症状，病虫危害程度控制在 10% 以下，无药害。

⑤ 无明显人为损害，无乱贴乱画，无悬挂物，无以树当架晾晒衣物，无在树池中堆放杂物等现象。

⑥ 新补植行道树同原树种基本保持一致，有保护措施。

⑦ 新植、补植行道树成活率达 95% 以上，保存率达 90% 以上。

⑧ 绿篱生长旺盛，修剪整齐、合理，无死株，无明显断档，无明显病虫害发生。

⑨ 草坪生长旺盛、常绿，无杂草丛生，定期修剪。草高保持在 10cm 左右，无明显裸露地面，无成片枯黄。枯黄率控制在 2% 以内。

⑩ 花坛、花带、花台植物生长良好，及时摘除残花败叶，定植花木花期基本一致，开花整齐、均匀，换花花坛（台）及时换花，整体观赏效果好。

三级：

① 树木生长较好，修剪基本合理，树形整齐美观，骨架比较均匀。

② 树穴、花池、绿化带及沿街绿地平面低于沿围平面 5cm 左右，无较大杂草，无明显污物、杂物，无积水。

③ 行道树缺株在 3% 以下，基本无死树、枯枝。

④ 树木无严重病虫危害症状，病虫危害率控制在 15% 以下，基本无药害。

⑤ 无严重人为损害，无乱贴乱画，无以树当架晾晒衣物等现象。

⑥ 新植、补植行道树同原树种基本保持一致，有保护措施。

⑦ 新植、补植行道树成活率达 90% 以上，保存率达 85% 以上。

⑧ 绿篱生长较好，修剪基本整齐，基本无死株，无严重断档，缺档不超过1m长。

⑨ 草坪生长较好，基本平整，高度控制在10cm左右，无大片杂草，无片状裸露地面，无较大成片枯黄。

⑩ 花坛（台）、花带内植物生长良好，定植花木能如期开花，较为整齐，换花花坛（台）及时换花，有一定的观赏效果。

（2）道路绿化养护管理作业要求（年度）

一级：

① 修剪：每年乔木1~2次，花灌木2~3次，绿篱3~4次，草坪4~5次。

② 及时清理死树、枯枝，发现死株10天内清除。

③ 施肥：新植乔木每年1次，其它乔木每两年1次，花灌木每年2~3次，草坪每年1次。

④ 浇水：新植树木花卉淋足定根水，之后根据植物生长需要和旱情及时浇足水分，及时排水防涝。

⑤ 病虫害防治：药物防治每年3~5次以上，人工防治2次以上。

⑥ 缺株及时补植，不得超过20天。

⑦ 行道树及时扶正，新植、补植行道树及时扶架。

⑧ 花坛（台）、绿化带等松土、除草每年5次以上。

⑨ 及时更换草花，主要花坛、中心绿岛年换花4次以上。

二级：

① 修剪：每年乔木1次以上，花灌木2次以上，绿篱3次以上，草坪4次以上。

② 及时清理死树、枯枝，发现死株30天内清除。

③ 施肥：新植树每年1次，其它树每3年1次，花灌木每年2次以上，草坪每年1次。

④ 浇水：新植树淋足定根水，年淋水15次以上，其它树3次以上，花灌木和草坪6次以上。及时排水防涝。

⑤ 病虫害防治：每年药物防治2~4次以上，人工防治1次以上。

⑥ 缺株及时补植，不得超过50天。

⑦ 行道树及时扶正，新补植行道树及时扶架。

⑧ 花坛（台）、绿化带等松土、除草每年4次以上。

⑨ 及时更换草花，每年换花3次以上。

三级：

① 修剪：乔木两年1次，花灌木每年1次，绿篱每年2次，草坪每年3次以上。

② 及时清理死树、枯枝，发现死株2个月内清除。

③ 施肥：新植树每年1次，主要观花乔木每两年1次，其它树4年1次，灌木、草花、草坪每年各1次。

④ 浇水：新植树淋足定根水，年淋水10次以上，其它树2次以上，花灌木和草坪4次以上。及时排水防涝。

⑤ 病虫害防治：每年药物防治3次以上，人工防治1次以上。

⑥ 缺株及时补植，不得超过70天。

⑦ 行道树及时扶正，新植、补植行道树要有保护设施。
⑧ 花坛（台）、绿化带等松土、除草每年 2 次以上。
⑨ 及时更换草花，每年换花 2 次以上。

2.2.2　小游园养护管理标准

本标准适用于沿街小游园和开放性广场花坛的绿化养护。

（1）小游园养护管理质量标准

一级：

① 树木生长旺盛，根据植物生态习性，合理修剪，保持树形整齐美观，枝繁叶茂。
② 绿篱生长旺盛，修剪整齐合理，无死株、缺档。
③ 草坪生长繁茂、平整、无杂草，高度控制在 5cm 左右，无裸露地面，无成片枯黄。
④ 绿地内保持无杂草，无污物、垃圾，无杂藤、攀缘植物等。
⑤ 树木花草基本无病虫危害症状，病虫害危害率控制在 5% 以下，无药害。
⑥ 无人为损害花草树木。
⑦ 无枯枝、死树。
⑧ 花坛图案、造型新颖，花大叶肥，色彩协调，整体观赏效果明显，保持三季有花。
⑨ 当年植树成活率达 95% 以上，保存率达 90% 以上，老树保存率达 99.8% 以上。
⑩ 水面无漂浮物，水中无杂物，水质清净，无臭味。
⑪ 绿地整洁卫生，无焚烧垃圾树叶现象，园林建设小品保持清洁，无乱贴乱画。
⑫ 园路平整，无坑洼、无积水。
⑬ 绿化设施完好无损。

二级：

① 树木生长旺盛，根据植物生态习性，合理修剪，保持整齐美观，枝繁叶茂。
② 绿篱生长旺盛，修剪整齐合理，无死株、无明显缺档。
③ 草坪生长繁茂、平整、无杂草，高度控制在 7cm 左右，无裸露地面，无成片枯黄。
④ 绿地内保持无杂草，无污物、垃圾，无杂藤、攀缘植物等。
⑤ 树木花草基本无病虫危害症状，病虫害危害程度控制在 10% 以下，无药害。
⑥ 基本无人为损害花草树木。
⑦ 无死树、无明显枯枝。
⑧ 花坛图案、造型新颖，花大叶肥，色彩协调，整体观赏效果明显，保持两季有花。
⑨ 当年植树成活率达 90% 以上，保存率达 85% 以上，老树保存率达 99% 以上。
⑩ 水面无漂浮物，水中无杂物，水质基本纯净。
⑪ 绿地整洁卫生，无焚烧垃圾树叶现象，园林建设小品保持清洁，无乱贴乱画。
⑫ 园路基本平整，基本无坑洼、无积水。
⑬ 绿化设施完好无损。

三级：

① 树木长势较好，根据植物生态习性，修剪基本合理，树形基本整齐。
② 绿篱生长旺盛，修剪基本整齐、合理，基本无死株、无严重缺档。

③ 草坪生长较好、基本平整、无较大片杂草，高度控制在 10cm 以下，无片状裸露地面，无较大成片枯黄。
④ 绿地内无较大杂草生长，基本无杂藤、攀缘植物，无明显污物、垃圾。
⑤ 树木花草无严重病虫危害症状，病虫危害程度控制在 15% 以下，基本无药害。
⑥ 无严重人为损害花草树木。
⑦ 基本无死树、枯枝。
⑧ 花坛有图案、有造型，花大叶肥，有一定观赏效果，保持一季有花。
⑨ 当年植树成活率达 85% 以上，保存率达 85% 以上，老树保存率达 98% 以上。
⑩ 水面无漂浮物，水中无较大杂物。
⑪ 绿地基本整洁，无焚烧垃圾树叶现象，园林建筑小品保持清洁，无乱贴乱画。
⑫ 园路基本平整，基本无坑洼、无积水。
⑬ 绿化设施无严重损坏。

（2）小游园养护管理作业要求（年度）

一级：
① 修剪：每年乔木 2 次以上，灌木 4 次以上，绿篱 6 次以上，草坪 5 次以上。
② 及时清理死树、枯枝。
③ 施肥：观花乔木每年 1 次，其它乔木两年 1 次，灌木、草花每年各 2 次，草坪每年 1 次。
④ 浇水：每年乔木 4 次以上，灌木 6 次以上，草坪 5 次以上，及时排水防涝。
⑤ 绿地中耕、除草每年 8 次以上。
⑥ 人为损害花草树木及时修复。
⑦ 病虫害防治：药物防治每年 5 次以上，人工防治每年 2 次以上。
⑧ 及时更换草花。
⑨ 水面漂浮物、水中杂物及时清理。
⑩ 园林建筑小品每天打扫 1 次以上，乱贴乱画及时清除。
⑪ 破损的园路及时修复。
⑫ 园林设施每年全面检修 1 次以上，保持完好。

二级：
① 修剪：每年乔木 1 次以上，灌木 1 次以上，绿篱 2 次以上，草坪 4 次以上。
② 及时清理死树、枯枝。
③ 施肥：观花乔木两年 1 次，其它乔木 3 年 1 次，灌木、草花、草坪每年各 1 次。
④ 浇水：每年乔木 4 次以上，灌木 4 次以上，草坪 8 次以上，及时排水防涝。
⑤ 绿地中耕、除草每年 6 次以上。
⑥ 人为损害花草树木及时修复。
⑦ 病虫害防治：药物防治每年 4 次以上，人工防治每年 1 次以上。
⑧ 定时更换草花。
⑨ 水面漂浮物、水中杂物及时清理。
⑩ 园林建筑小品每天打扫 1 次以上，乱贴乱画及时清除。

⑪ 破损的园路及时修复。
⑫ 园林设施每年全面检修1次以上,保持基本完好。

三级:

① 修剪:观花乔木、花灌木每年1次以上,其它乔木、灌木两年1次,绿篱1次以上,草坪2次以上。

② 及时清理死树、枯枝。

③ 施肥:观花乔木两年1次,其它乔木4年1次,灌木、草花、草坪各1次。

④ 浇水:乔木、灌木每年各2次以上,草坪每年4次以上,适时排水防涝。

⑤ 绿地中耕、除草每年4次以上。

⑥ 人为损害花草树木定时修复。

⑦ 病虫害防治:药物防治每年3次以上,人工防治每年1次以上。

⑧ 适时更换草花。

⑨ 水面漂浮物、水中杂物定时清理。

⑩ 主要园林建筑小品每天打扫1次,乱贴乱画及时清除。

⑪ 破损的园路定时修复。

⑫ 园林设施每3年全面检修1次以上,保持基本完好。

模块 3
土壤、肥料和水分管理技术

3.1 土壤、肥料和水分管理技术概述

3.1.1 土、肥、水管理的目的和作用

土、肥、水管理总的目的是保证园林植物健康生长。不会因土壤性质太差，如土壤板结或酸碱度不宜而造成园林植物根系生长困难或死亡；不会因土壤缺肥或过量，施肥方法不当或施肥时间不宜而造成园林植物生长不良降低观赏价值；不会因干旱缺水，水分过多，浇水不当而造成园林植物枯萎或湿害死亡。其具体目的和作用如下。

① 营造园林植物正常生长的良好土壤环境。促进土壤矿物的风化，释放矿质养分；创造上松下紧（或上砂下黏）的土体构型，增施有机肥等促进团粒结构形成，使土壤疏松、通气透水性适宜、质地良好、保肥供肥耐肥好、酸碱度适宜、耕性好。

② 提供园林植物健康生长的营养物质。有机肥和无机肥结合、基肥和追肥结合等合理施肥措施能起到培肥改土、供给园林植物生长发育各个阶段所需营养的作用。

③ 提供园林植物良好生长需要的水分。适时适量和适宜方法的浇水才能协调土壤中水分、养分、空气与热量的矛盾，保障园林植物健康生长。

3.1.2 土壤准备

土壤准备流程：土壤清杂→土壤改良→施用基肥→土壤翻耕→土床整理。

（1）土壤清杂

将种植地中的石块、石砾、砖块、编织袋、钢筋等建筑垃圾，残根、残枝和杂草等影响园林植物正常生长的杂物全部清理干净。否则，会影响植物根系生长和对水分、养分的吸收，使植物生长不良，甚至死亡，如图 3-1～图 3-4 所示。

（2）土壤改良

根据土壤性质和所栽植园林植物生理特性进行合理改良，主要是改良土壤酸碱性、质地和肥力状况，创造一个上松下紧的土体构型，其它性质随着施肥改土等耕种熟化措施逐渐达

图 3-1 因清杂不彻底，导致草皮死亡

图 3-2 玉兰花栽在碎砖块上

图 3-3 清杂（一）

图 3-4 清杂（二）

到园林植物种植土壤的要求。

1）园林绿地土类型及性质

根据是否被人为扰动分为以下两种类型。

① 扰动的土。主要指街道绿地、公共绿地和专用绿地等城市公共园林绿地的土壤。由于工程建设、生产、生活等人为因素的影响，土体层次凌乱，没有自然土和耕作土的层次，有的甚至只是岩石风化物，一般含有大量侵入物（主要是建筑垃圾，其次是生活垃圾及工业废物残渣），土壤紧实，透气性差，有机质含量低，矿质元素缺乏，pH 值比周围自然土偏高等。这些性质难以适应园林植物生长，必须进行合理改良。

② 未扰动的土。即原土，指位于城郊的公园、苗圃、花圃地，以及在城市大规模建设前预留的绿化地段，或就苗圃地改建的城区大型公园等。南方主要原土有红壤（图 3-5）、黄壤（图 3-6）、紫色土（图 3-7）、石灰土及泥灰土（图 3-8）。

a. 红壤（俗称红土，也有人错误地叫黄土，因为土湿度小时颜色变浅，有一点带黄），如湖南主要旱地土颜色多为红色，pH 值为 4.5～5.5，质地大多黏重，肥力低，结构差，易遭受干旱，土层深厚。改良措施：掺砂、增施有机肥，植物生长过程中根据园林植物生长状况补充速效化肥，合理灌溉，少数要求土壤 pH 值比较高的植物则加石灰或石灰性紫色土、石灰土、泥灰土改良酸性。

图 3-5　红壤

图 3-6　黄壤

图 3-7　紫色土

图 3-8　泥灰土

b. 紫色土。颜色紫色，土层薄，常夹有碎片，有机质及氮含量低，易干旱，质地砂壤至轻黏壤，易遭水土流失。石灰性紫色土磷钾含量丰富，pH 值 7.5 以上，大多数紫色土为石灰性紫色土。改良措施：重施有机肥，特别注意氮肥施用，适时灌溉；石灰性紫色土 pH 值改良，园林绿化一般用客土或换土法。

2）土壤改良措施

① 土壤酸碱性改良。原则上酸性土加石灰或石灰性紫色土、石灰土、泥灰土；碱性土加石膏或红壤、黄壤，园林工程施工中大都将局部或表土换成红壤，厚度 30～40cm。绝大多数园林植物适宜中性至微酸性的土壤。如图 3-9～图 3-11 所示。

② 土壤质地改良。方法主要是客土法，即黏土掺砂或砂土，砂土掺较黏重的土（红壤或黄壤）；然后，施厩肥、菜枯饼等有机肥料。

③ 扰动土改良。采用客土或换土方

图 3-9　改土不充分的石灰土上栽植的酸性植物

图 3-10　在图 3-9 的土上铺 30cm 厚红壤后种植

图 3-11　施石灰改良红壤酸性

法。客土或换土一般用掺入 20%～40% 砂的红壤或黄壤（俗称红土或黄土），或者质地为砂壤的红壤或黄壤；客土或换土厚度要求 30～40cm，树木栽植穴内要求全部是客土。

客土指在栽植园林植物时对栽植地实行局部更换的土。换土是指整个表土层都更换为新土。通常是在土壤完全不适宜园林植物生长的情况下进行客土或换土。客土或换土厚度根据所栽植园林植物种类（根系类型）决定。

④ 未扰动土改良。原土为酸性黏重红壤、黄壤等，掺入 20%～40% 的砂（也可以在砂中加 1/3 卵石）于 20～30cm 土层内，pH 值一般不要改良；极少数对土壤 pH 值要求严格、必须为 5.5 以上的园林植物，则每亩（667m^2）地施 50～75kg 石灰，撒施于土表并翻耕于 20～30cm 深土层内。原土为石灰性紫色土或石灰土、泥灰土，改土方法原则上同扰动土；少数喜欢碱性土或对酸碱性土都适应的园林植物则不必换土或客土，可以根据黏性的强弱掺适量砂改良质地。

3）土壤改良操作过程

第一步：准备改土材料。砂子、卵石（也可不用）、红壤、腐熟有机肥（图 3-12～图 3-16）。

第二步：清杂、平地、挖栽植穴。将建筑垃圾及工矿、生活垃圾等影响园林植物根系生长的物质清除，并根据地势和规划把地块整平。城市公共绿地即扰动土先清杂，后平地、挖栽植穴；未扰动土（原土）直接平土、挖栽植穴。如图 3-17～图 3-20 所示。

图 3-12　砂子

图 3-13　卵石

图 3-14　红壤

图 3-15 腐熟有机肥（发酵羊粪）

图 3-16 腐熟有机肥（发酵鸽子粪）

图 3-17 未清杂的花坛用地

图 3-18 未清杂的园林用地

图 3-19 清杂、平地、挖栽植穴

图 3-20 清杂、平地后

第三步：用客土或换土法改良土壤质地和酸碱性。在扰动土和 pH 值高的原土（石灰性紫色土或石灰土、泥灰土）上栽植园林树木时，在栽植穴内换上 2 份红壤掺 1 份砂的客土；栽植灌木、花草的花坛、草坪等地则采用换土方法，即在整好的地上按 2 份红壤掺 1 份砂（基土是黏性重的泥灰土，砂中也可以掺适量卵石）的比例，铺一层红壤后铺一层砂，再铺一层红壤后又铺砂，这样层层铺 30～40cm 厚，等施基肥后一起耕翻混合。也可以先将红壤和砂按比例混合好再铺上土。如图 3-21～图 3-24 所示。

图 3-21　栽植穴填客土

图 3-22　铺掺砂和卵石的红壤

图 3-23　砂和红壤分层铺

图 3-24　没掺砂的红壤通气透水性差，土壤板结，下雨易发生地表径流

第四步：施有机肥。为提高土壤肥力，改良土壤质地、结构等理化性质，将腐熟有机肥均匀撒施于客土或所换土、原土的表层。如图 3-25、图 3-26 所示。

图 3-25　撒施腐熟不充分的木屑
（必须等腐熟后才能栽植植物）

图 3-26　撒施腐熟有机肥

第五步：翻耕整地。将有机肥翻入土内，与土混合均匀，将土块打碎、杂物去掉，做到土肥相融，土面顺滑或平整。如图 3-27、图 3-28 所示。

图 3-27　土面顺滑

图 3-28　土面平整

（3）施用基肥

① 在规划或计划做绿地的土床上均匀撒施腐熟的有机肥料，要求施用较干燥的腐熟厩肥、堆肥、市场有机肥料和腐熟饼肥等。

② 土床上施用基肥量根据面积确定，较干燥的腐熟厩肥、腐叶土等有机肥料每 $100m^2$ 撒施 50～100kg；较干燥的腐熟饼肥每 $100m^2$ 撒施 5～10kg。

③ 树木栽植穴内施用基肥根据穴的大小而定，每穴施用较干燥的腐熟厩肥、腐叶土等有机肥料 5～10kg 或较干燥的腐熟饼肥 0.5～1kg。穴内基肥和穴底客土要拌匀。

④ 如果施用复合肥料（20-20-20，即该肥料含 N 20%，P_2O_5 20%，K_2O 20%），一般每 $100m^2$ 撒施 2～3kg，每穴撒施 0.2～0.3kg，与穴底客土拌匀。

（4）土壤翻耕

① 适宜土壤翻耕的土壤含水量约为 50%，即翻耕时土不粘农具又能自然散碎。土壤太过干燥和太过湿润都不宜翻耕。土壤太过干燥时土块板结、干硬、翻耕不深，费力费时；土壤太过湿润时土块黏糊，翻耕时容易粘在翻耕工具上，不容易翻耕，同样费力费时。

② 土壤翻耕深度约为 20cm，即铁锄的长度。

③ 土壤翻耕时将表层撒施的基肥均匀地翻入土壤中，并打碎土块。

（5）土床整理

① 确定土床规格。土床规格依设计地形或土地地形而定，要求平整或顺滑。目的是使地形处理和植物种植适合景观设计的要求。

② 打碎土块。将晒茬后的土块打碎，使土壤颗粒均匀、结构好、孔隙度适中。施入的有机肥料在土壤中分布均匀。

③ 进行整理。土床整理做到"碎、匀、平、净"四字原则。意思就是土块打碎，土粒均匀、肥料分布均匀、水分分布均匀，土面平整或顺滑，土壤中无砖瓦、石块、残根、残枝和杂草等杂物。

3.1.3 肥料种类和施用

(1) 肥料种类

1) 有机肥料

特点：养分全，不但含有机质，而且还含有大量元素、微量元素，是一种完全肥料；肥效缓长，是一种缓效肥；养分含量低，施用量大；可以消除污染，是一种环保肥。

作用：培肥改土。既能供给园林植物生长所需养分，又能提高土壤有机质含量，改良土壤质地、结构、通气透水性、保肥供肥能力等理化性质。

① 堆肥：是秸秆、落叶、杂草、绿肥、泥炭、垃圾等与人畜粪尿或速效氮肥在好气条件下堆腐而成的有机肥料。一般用作基肥，腐熟优质的也可作追肥和种肥，有机质和养分含量比厩肥低，施用量大。

② 家禽粪有机肥料：由鸡鸭鸽粪和其它基质混合而成，可作基肥和追肥施用，施后盖土。特点：养分含量比厩肥高，其中氮、磷含量比钾高，效果好，肥效长。腐熟鸡肥如图 3-29。

③ 饼肥：豆饼、菜籽饼等，有机质和养分含量比家禽粪高，是很好的有机肥料，营养完全，肥效持久，氮含量远高于磷、钾，微量元素丰富，主要作基肥，也可作追肥（必须发酵腐熟）。腐熟饼肥如图 3-30。

④ 腐熟厩肥：家畜粪尿和各种垫圈材料、饲料、残渣混合积制的肥料。养分含量，钾最高，氮次之，磷最少；利用率，钾 60%～70%，磷 50%～60%，氮小于 30%；腐熟厩肥可作基肥和追肥施用。腐熟厩肥如图 3-31。

图 3-29 腐熟鸡肥

图 3-30 腐熟饼肥

图 3-31 腐熟厩肥

2) 无机肥料

① 氮肥。有尿素（图 3-32）、碳酸铵、硫酸铵、硝酸铵等多种。常用尿素，易溶于水，纯品为白色针状结晶，肥料为颗粒状，可作基肥深施盖土，一般作追肥。干施是撒在土壤里，随后浇水，或下雨前、下雨中撒施。液施是溶于水后浇喷。尿素作叶面追肥效果较好，但施用时，一定要注意浓度不能太高，另外要选择二缩脲含量低于 0.5% 的。

② 磷肥。常用过磷酸钙（图 3-33），有效磷（P_2O_5）含量 12%～18%，灰白色粉末，水溶性速效磷肥，有刺鼻的酸味，具有腐蚀性，易吸水结块。一般用作基肥的效果较好。苗期追肥效果较好。

③ 钾肥。常用氯化钾（图 3-34，氧化钾含量为 50%～60%），纯品为白色结晶，含少

图 3-32 尿素

图 3-33 过磷酸钙

图 3-34 氯化钾

量杂质时呈微黄色、粉红色等，肥料大多含有杂质，易溶于水，吸湿性小，物理性状良好，化学性质稳定，一般用作基肥的效果较好。苗期追肥效果较好。注意对忌氯植物施钾肥时应选择硫酸钾。

④ 复合肥。同时含有氮、磷、钾三元素中 2 种或 2 种以上成分的肥料。

常用有效养分表示法为分析式表示法，以 N-P_2O_5-K_2O 的含量表示三元复合肥如图 3-35 所示。

如：20-15-10 表示该复合肥为三元复合肥，其中含 N 20%，P_2O_5 15%，K_2O 10%，钾肥为氯化钾；15-20-0 表示该复合肥为氮磷二元复合肥，其中含 N 15%，P_2O_5 20%，K_2O 为 0；0-20-10 表示该复合肥为磷钾二元复合肥，其中含 P_2O_5 20%，K_2O 10%；10-20-10（S）表示该三元复合肥中钾为硫酸钾，其中含 N 10%，P_2O_5 20%，K_2O 10%；15-15-10-1（B）表示该复合肥为含微量元素硼的多元复合肥，其中含 N 15%，P_2O_5 15%，K_2O 10%，B 1%。

复合肥施用量计算：以复合肥中含量多的养分来计算，不足养分以单质肥来补充。如 20-15-10 则以 N 的含量计算，若 P 或 K 不足则以单质 P 肥或 K 肥补充。

磷酸二氢钾复合肥（图 3-36、图 3-37），主要是作叶面追肥，与尿素混合施用。

栽培用的复合肥，是以相对固定的配方由几种单质肥料或复合肥料在化肥生产厂经加湿、造粒而成，作基肥或追肥施用，还有根据植物特性配制的专用复合肥。

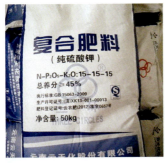
图 3-35 三元复合肥

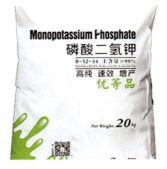
图 3-36 二元复合肥

图 3-37 磷酸二氢钾

（2）施肥方式

① 基肥。以有机肥为主，如厩肥、饼肥、堆肥、骨粉等。厩肥和堆肥一般在整地时撒施，翻入土内，也可施入栽植穴的底部。骨粉和饼肥一般在栽苗时与坑土相混合，以防流失而造成浪费。化肥作基肥施用，可加速幼苗前期的生长。化肥作基肥只是对有机肥料中某种

元素不足的补充。

② 追肥。以无机肥即化肥为主,可以沟施、穴施覆土,撒施(通过中耕翻入表土内),然后立即灌水或随水浇施,还可叶面施和输液施。

(3)施肥方法

以土壤施肥为主,根外施肥为辅。

1)土壤施肥

将肥料施在土壤中,通过植物根系吸收养分,包括沟施、穴施、片施。

土壤施肥是园林施肥的主要方法,必须遵循以下原则。首先,肥料施在吸收根密集分布区;其次,充分利用根系的趋肥性,诱导根系向深广生长,以培养强根系,增加吸收面,提高抗逆性;最后,注意肥料肥效的快慢和在土壤中的移动性及变化情况。

① 沟施,主要包括半月形沟施、环状沟施、放射状沟施、条沟施。

a. 半月形沟施:在树干的周围,沿着树冠外缘挖半月形沟。

沟位置:理论上最佳位置是在树冠垂直投影外侧挖,但由于地面条件限制很多,高大乔木、灌木难以达到标准,一般在种植穴边缘或距树茎40~100cm处挖沟,如图3-38所示。

沟数量:1~5条半月形沟。

沟大小:基肥沟深30~50cm,宽20~30cm,长度不定;追肥沟深10~20cm,宽10~20cm,长度不定。

开沟施肥:开沟时表层土和下层土分开放,沟开好后,将肥料(堆肥、厩肥或绿肥拌磷矿粉或过磷酸钙)适量均匀施入沟内,将下层土捣碎均匀地盖在肥料上,然后再将上层土捣碎均匀地盖在其上并整平,然后浇适量水(渗漏至沟底即可),基肥不浇水也行。

此法是环状法的改进,具有操作简便、用肥经济的优点,但应隔次轮换施肥沟的位置,适宜于坡地或幼树(4年以下的树)施肥。

b. 环状沟施:在树干的周围,沿着树冠外缘挖环状沟。施肥沟的位置、规格及开沟施肥方法同半月形沟。此法较半月形沟施费工费肥料,容易伤到植物根系,但肥料利用率特别高,适宜于缓地及幼树(4年以下的树)施肥,如图3-39~图3-41所示。

c. 放射状沟施:距树干1~1.5m处,以树干为中心向外呈放射状开4~8条沟,并由内向外逐渐加深加宽,直至树冠外缘,沟的规格和开沟施肥方法同半月形沟施。此法的优点

图 3-38　半月形沟施

图 3-39　环状沟施

图 3-40　连续环状沟施示意图

图 3-41　断续环状沟施示意图

是施肥走向与根系走向一致，伤根较少，适用于成年大树（5 年以上的树），如图 3-42 所示。

d. 条沟施：在相邻的两行园林树木中间挖一条沟，将肥料施入沟中，即在树冠垂直投影处侧开条沟 1～2 条施肥，沟深、宽同半月形沟，长 100cm 左右，开沟施肥方法同半月形沟施。此法适用于坡地成年园林树林，如图 3-43 所示。

图 3-42　放射状沟施示意图

图 3-43　条沟施

② 穴施：在园林树木周围挖 3～4 穴，将肥料施于穴中。这种施肥方法与环状沟施有异曲同工之效，但不容易伤到根系，穴的深度和宽度控制在 20～30cm，穴要均匀分布、多挖，切忌每个穴中施肥过多，否则会出现"无根区"，如图 3-44、图 3-45 所示。

③ 片施：即全园撒施，将肥料均匀撒在园内，然后浅翻土将肥料埋入土中，此法适用于已经郁闭的林地。

④ 注意事项：

a. 沟和穴的位置每年轮换，以使土壤肥力均匀。

b. 施肥量要根据肥料养分含量高低确定，含量高则施用量少些，反之多些。

c. 挖施肥沟须避伤骨干根，少伤吸收根。

d. 施肥深度，基肥宜深，追肥宜浅，深根性的树种宜深，浅根性的树种宜浅。

e. 旱季施肥以水肥为主，干肥施后须灌水。

图 3-44 穴施

图 3-45 穴施示意图

f. 根据树种、树龄、季节、物候确定施肥量及 N、P、K 比例。

2）根外施肥

土壤施肥的一种补充形式，具有经济速效、简便和损失小等优点，包括叶和茎部施肥。如图 3-46、图 3-47 所示。

图 3-46 叶面施肥

图 3-47 输液施肥

① 叶面施肥。是用机械的方法，将按一定浓度要求配制好的肥料溶液，直接喷雾到植物叶片的正反两面，养分通过叶面气孔和角质层吸收后，转移运输到树体各个器官。特点是吸收快、利用率高、效果明显，但持续的时间短。注意喷施浓度一般 0.1%～3%，为保持叶片 0.5～1h 的湿润时间，喷施要在无风无雨无露水的清晨、无风无雨的下午日落后或阴天，可加入"润湿剂"如 0.1%～0.2% 洗涤剂或中性皂增加湿润时间。

常用浓度：尿素 0.3%～0.5%，过磷酸钙 1%～3%（浸出液），草木灰 3%～10%（浸出液），硫酸钾（或氧化钾）0.5%～1%，硼砂 0.1%～0.5%，磷酸二氢钾 0.3%～0.5%。

② 输液施肥。通过树干里木质部中的导管直接向植物输送水分和无机盐。一般在大树移栽、弱树复壮、古树名木复壮、树木急救等情形下采用。其优点是不易污染环境，保护了天敌和人畜安全，有利于保护生物多样性，操作简便，肥料利用率高。肥液可于市场购买。

输液时注意针头一定要斜插到木质部。

3.1.4 灌溉

（1）灌溉方法

灌溉方法正确与否，不但关系到灌水效果好坏，而且还影响土壤的结构。

灌溉要求：灌溉前要做到土壤疏松，土表不板结，以利水分渗透，待土表稍干后，应及时加盖细干土或中耕松土，减少水分蒸发。

用水车浇灌时，应接软管，进行缓流浇灌，保证一次浇足浇透，严禁用高压水流冲击树堰。在园林绿地中灌溉的方法多种多样，应根据植物的栽植方式来选择。

1）单株围堰灌溉

单株围堰灌溉适用于露地栽植的单株乔木、灌木，如行道树、庭荫树等。

方法：先在略大于种植穴直径的周围，筑成10～15cm高的灌水土堰，开堰深度以不伤根为限。土堰要拍打牢固、密实不漏水，堰内视情况整平。理论上是在树冠的最大垂直投影范围处围堰，但由于地面条件限制很多，高大乔木、灌木难以达到标准。

灌溉前先疏松堰内土壤，再利用橡胶管、水车或其他灌溉工具，对每株树木进行灌溉。浇水量依树大小和土壤干湿度、质地确定，一般是当浇水时水下渗速度由快到慢至土面稍有积水或者灌水水面与堰埂相齐，待水慢慢渗下后，将围堰铲除覆盖在树盘内，以保持土壤水分。此法省水，成本较低。注意：对于有浇水畦的树，浇水前最好疏松畦内表土，以利于水分下渗，浇水后耙松表土以保水，现在的行道树在栽植时大多都留好了浇水畦。如图3-48～图3-53所示。

2）喷灌

喷灌指用移动喷灌装置或安装好的固定喷头，对园林植物以人工或自动控制的方式进行灌溉，是目前城市绿地灌溉采用较多的生态灌溉方法，这种灌溉方法基本上不产生深层渗漏和地表径流，省水、省工，效率高，能减轻或

图3-48　单株围堰灌溉（一）

图3-49　单株围堰灌溉（二）

图3-50　单株围堰灌溉（三）

图3-51　浇水畦（一）

图 3-52 浇水畦（二）

图 3-53 围堰作畦

避免低温、高温与热风对植物的危害，既可达到生理灌水的目的，又具有生态灌水的效果，与此同时也增强了植物的绿化效果。其缺点是必须使用机械设备和"清洁"水源，投资较大。人工控制的喷灌需专人看管，以地面达到径流为准。三种喷灌方式如图 3-54～图 3-56 所示。

图 3-54 自动控制喷灌

图 3-55 人工喷灌

图 3-56 移动喷灌

3）滴灌

滴灌（图 3-57）是集机械化、自动化等多种先进技术于一体的灌溉方式。将一定粗度的胶皮水管埋在土壤中或树木根部，用自动定时装置控制水量和滴水时间，将水一滴一滴地注入根系分布范围内。此法最大的优点是可节约用水，在水资源短缺的地区应大力提倡，但一次性投资太大。

4）沟灌

沟灌（图3-58）适合于列植的植物，如绿篱或规则式片林或宽行距栽植花卉的行间。行间每隔一定距离挖一条沟，沟深20cm左右，使水沿沟底流动浸润土壤，直至水分充分渗入周围土壤为止。注意灌溉后应将沟整平保持水分。

图3-57　滴灌　　　　　　　　　　图3-58　沟灌（灌水沟）

（2）灌溉用水

灌溉用水以河水最好（未被污染的河水），其次是池塘水和湖水，不含碱的井水也可利用，使用井水时应使水温升高再使用。自来水常用于花坛和草坪灌溉。

（3）水量和时间

水量弹性大，一般在掌握浇水原则的基础上还应适当掌握好浇水量。树木栽植后养护成活的关键在于浇水和保水，应浇好定根水（图3-59），围堰保水。新植树木应在连续5年内充足灌溉。花灌木、地被植物、草坪、花卉是灌溉的重点关注项。夏季需水量较多，主要是视土壤干燥程度进行灌溉。未及时灌水及浇而不透如图3-60所示。

图3-59　浇定根水　　　　　　　　图3-60　未及时灌水及浇而不透

灌溉水渗入土层的深度：每次灌溉要灌透，切忌只湿表层；灌溉不能太频繁，以免灌溉导致植物根系长期浸泡水中，因缺氧而死亡。生理成熟的乔木应达到80～100cm；一般花灌木应达到45cm；一二年生草本花卉、草坪应达到30～35cm。

灌溉时间：一天中的灌溉一般在早晚进行，以清晨最佳；夏季高温天气忌正午灌溉；冬季气温较低时宜在中午前后灌溉。

3.1.5 排水方法

园林植物受涝缺氧，根系变褐腐烂，叶片变黄，枝叶萎蔫，产生落叶、落花、枯枝，时间长了全株死亡。绿地和树池内积水不得超过24h，宿根花卉种植地积水不得超过12h。为减少涝害损失，在雨水偏多时期或对在低洼地势又不耐涝的园林植物要及时排水。

一般可用地表径流和沟、管排水。多数园林植物在设计施工中已解决了排水问题，在特殊情况下须采取应急措施。常用的排水方法如下。

① 地表排水法：利用自然坡度排水，是最常用、最经济的排水方法，如图3-61。

② 明沟排水法：明沟须进行一定的景观化处理。

③ 暗沟排水法：绿地下开挖暗沟或铺设管道排水。

④ 机械排水法：在地势低洼地，采用沟、管排水有困难时，可采用抽水泵排水。

在雨季可采用开沟、埋管、打孔等排水措施及时对绿地和树池排涝，防止植物因涝至死。花池应在适当位置加设排水孔。打排水孔及埋管排水如图3-62、图3-63所示。

图3-61 地表排水（自然坡）

图3-62 打排水孔

图3-63 埋管排水

3.1.6 绿地养护措施

（1）大树养护措施

养护流程：浇水→施肥→整枝→冬季养护。

1）浇水

大树浇水依土壤干燥程度而定，保证大树生长的土壤湿度，保持土壤含水量在40%以上，大树不会因缺水而枯萎死亡。如遇夏季、秋季连续干旱天气，为确保大树叶片不萎蔫，应每15天浇水一次，灌水浇透。

2）施肥

大树施肥依其生长规律及状况而定，保证大树正常生长、枝繁叶茂、不徒长。根据树木生长规律于入冬前、春季萌芽前和生长期施肥。

① 入冬前结合培土施用腐熟有机肥，防寒、积累营养以利于次年生长发育。依树木大

小每株施用腐熟有机肥料 5～10kg。

② 春季萌芽前施用腐熟饼肥或复合肥,促进春发,使枝叶发育健壮、亮绿。依树木大小每株深施腐熟饼肥或复合肥(20—10—20)0.5～1kg。

③ 生长期依树木生长状况施用腐熟饼肥或复合肥,因缺肥生长不良的、长势不太好的依树木大小每株深施腐熟饼肥或复合肥(20-10-20)0.5～1kg,薄肥勤施。

3)整枝

根据树种的生长势及定型要求,在不同的生育时期对树体或树冠内枝叶进行疏枝、整理,剪去病虫害枝、枯枝、徒长枝、平行枝、交叉枝和畸形枝等。

4)冬季养护

① 培土(图3-64),可保护根系、防寒。入冬前结合施肥在树体基部覆盖5～10cm厚充分腐熟的有机肥料或土杂肥。

② 刷白(图3-65),可防治病虫害、防寒。入冬前用调制的15%的石灰水将树干下部1m高刷白。

③ 防寒(图3-66),即防止热带树种受冻害。棕榈科植物如华盛顿葵等遇严寒应用塑料薄膜包裹枝叶,用防寒布或草绳包裹树干。

(2)灌木球养护措施

养护流程:浇水→施肥→修剪整形→冬季养护。

1)浇水

灌木球浇水依土壤干燥程度而定,保证灌木球生长的土壤湿度,保持土壤含水量60%左右,灌木球不会因缺水而枯萎死亡。如遇夏季、秋季连续干旱天气,为确保灌木叶片不萎蔫,应每7天浇水一次,每次灌水浇透。

2)施肥

灌木球施肥依其生长规律及状况而定,保证灌木球正常生长、枝叶茂盛、不徒长。根据灌木球生长规律于入冬前、春季萌芽前

图 3-64 培土

图 3-65 刷白

图 3-66 防寒

和修剪后施肥。

① 入冬前结合培土施用腐熟有机肥，防寒、积累营养以利于次年生长发育。依灌木球大小每株施用腐熟有机肥料 2～4g。

② 春季萌芽前施用腐熟饼肥或复合肥，促进春发，使枝叶发育健壮、亮绿。依灌木球大小每株深施腐熟饼肥 0.2～0.4kg 或复合肥（20—10—20）0.1～0.2kg。

③ 每次修剪后施用腐熟饼肥或复合肥，促进枝叶生长发育，一般每株深施腐熟饼肥 0.2～0.4kg 或复合肥（20—10—20）0.1～0.2kg，薄肥勤施。

3）修剪整形

根据灌木球的生长势及定型要求，每两月修剪一次，按定型要求修剪，并对灌木球枝叶进行疏枝、整理，剪去病虫害枝、枯枝、徒长枝、平行枝、交叉枝和畸形枝等。

4）冬季养护

① 培土，可保护根系、防寒。入冬前结合施肥在树体基部覆盖 5cm 厚充分腐熟的有机肥料或土杂肥。红叶石楠球培土如图 3-67 所示。

② 防寒，即防止热带树种受冻害。如华南苏铁等遇严寒应用塑料薄膜包裹枝叶，如图 3-68。

图 3-67　红叶石楠球培土

图 3-68　华南苏铁防寒

（3）模纹花坛灌木（含绿篱）养护措施

养护流程：浇水→施肥→修剪整形。

1）浇水

灌木浇水依土壤干燥程度而定，保证灌木生长的土壤湿度，保持土壤含水量 60% 左右，灌木不会因缺水而枯萎死亡。如遇夏季、秋季连续干旱天气，为确保灌木叶片不萎蔫，结合修剪应每 7 天浇水一次，每次灌水浇透。

2）施肥

灌木施肥依其生长规律及状况而定，保证灌木正常生长、枝叶茂盛、不徒长。根据灌木生长规律于入冬前、春季萌芽前和修剪后施肥。

① 入冬前施用腐熟饼肥或复合肥，积累营养以利于次年生长发育。每平方米撒施腐熟饼肥 0.1～0.2kg 或复合肥（20—10—20）0.05kg，撒施复合肥后及时浇透水。

② 春季萌芽前施用腐熟饼肥或复合肥，促进春发，使枝叶发育健壮、亮绿。每平方米

撒施腐熟饼肥 0.1～0.2kg 或复合肥（20—10—20）0.05kg，撒施复合肥后及时浇透水。

③ 每次修剪后施用腐熟饼肥或复合肥，促进枝叶生长发育，一般每平方米撒施腐熟饼肥 0.1～0.2kg 或复合肥（20—10—20）0.05kg，薄肥勤施，撒施复合肥后及时浇透水。

3）修剪整形

根据灌木的生长势及定型要求，每两月修剪一次，按定型要求修剪，并对灌木枝叶进行疏枝、整理，剪去病虫害枝、枯枝、徒长枝、平行枝、交叉枝和畸形枝等。

（4）桩景养护措施

养护流程：浇水→施肥→修剪造型。

1）桩景浇水施肥

具体内容同灌木球养护。

2）桩景修剪造型

桩景（红桎木桩、罗汉松桩、小叶女贞桩、榆树桩等）修剪造型管理指根据大型盆景造型的要求，对桩景进行修剪、摘心、攀扎等操作，保持桩景定型形式，使其艺术性趋之完美。

① 修剪。根据桩景的生长势及定型要求，应每月修剪一次，按定型要求修剪，并对桩景枝叶进行疏枝、整理，剪去病虫害枝、枯枝、徒长枝、平行枝、交叉枝和畸形枝等。

② 摘心。桩景枝片经修剪萌芽后，对枝片萌芽进行摘心，抑制小枝徒长，保持定型形式，同时促进侧枝生长，使枝片茂密。

③ 攀扎。桩景枝条生长过长或不符合定型要求时，应将枝条攀扎成形，采用铜丝、铅丝或棕丝攀扎。

（5）草坪养护措施

养护流程：剪草→浇水→施肥→中耕→切边→除草。

1）剪草

根据草茎生长状况，用剪草机剪草，生长期每两个月剪草一次（保持草高 4～6cm）。剪草前清理草面上石块、瓦砾、枯枝等硬物，防止损伤剪草刀片。剪草要求草面平整，边线整齐美观，草段清理干净。

2）浇水

依据土壤干燥程度而定，保证草皮正常生长的土壤湿度，保持土壤含水量 60% 以上，草皮不会因缺水而枯萎枯黄。如遇夏季、秋季连续干旱天气，草坪应结合剪草、施肥每 7 天浇水一次，每次灌水浇透。

3）施肥

依据草皮生长规律及状况而定，保证草皮正常生长、枝叶茂密、亮绿、不徒长。一般在剪草后施肥，施用 5‰ 的草坪复合液肥，浇透。

4）中耕

小面积的草坪用四齿耙打洞中耕松土，不翻土，保证草皮根系生长。一般每季度中耕一次，如图 3-69 所示。

5）切边

为防止草长出边界，保持草坪整洁、边线整齐优美，在剪草后对草坪边界运用切边机进行切边。

图 3-69 打洞中耕松土

6）除草

小面积的草坪采用人工除草，剔除杂草，保持草坪纯度。根据草坪杂草生长状况经常性地随时剔除杂草。

3.1.7 绿地修复、清洁保护、维护措施

（1）绿地修复措施

① 进行绿地清洁整理。清理白色垃圾和建筑垃圾，增施有机肥，改善土质。

② 进行消杀工作。清除卫生死角，消除蚊虫、苍蝇滋生源；投放鼠药，消灭鼠害；加强对白蚁的防治工作。

③ 进行补植、补绿。保持绿地完整，无裸土荒芜现象。

④ 进行绿地面平整。对坑洼渍水绿地进行土方回填工作，使之平整。

⑤ 进行大树清枯。对大树枯败叶进行全面清理，整形修剪，施肥。

⑥ 进行灌木修剪。对灌木球、灌木丛和灌木地被进行全面修剪整形、清枯、施肥。

（2）绿地清洁保洁措施

① 每天进行绿地清洁保洁工作。每天 7：00—17：00 保持绿地无白色垃圾、杂物（包括生活垃圾、砾石砖块、枯枝落叶、粪便等），无鼠洞、蚁穴和蚊蝇滋生地。

② 养护垃圾在每天下班前运送到指定的垃圾堆放处，进行全天候巡回保洁。

③ 经常清理枯枝落叶、绿地硬物、杂物，特别是边角死角杂物要经常进行清理。落叶季节（11月—次年2月）每天清理两次树叶；3—10月每天清理一次树叶，保证无树叶堆积而影响景观。

④ 每季度进行一次全面喷药消杀工作，防止蚊蝇滋生；每月投放一次鼠药，消灭鼠害，保证卫生无死角。

⑤ 将清理出来的垃圾进行归堆，箩筐等器具摆放于隐蔽的位置，做到日产日清，不过夜、不焚烧，将垃圾集中到指定的地点倾倒，并做到在运输过程中无遗漏等现象发生。

（3）绿地维护措施

① 严格保护本项目绿地版图，保证其不以任何形式被侵占。

② 保证本项目的一草一木不受破坏，坚决制止在绿地上乱摆乱放现象。对任何侵占、破坏绿地的行为予以制止并报告管理部门。

③ 加强监管力度，保证绿地里没有堆放东西如自行车、机动车，没有设摊摆卖，没有

在树上挂标语等现象。

④ 加强对林木的扶护工作，经常巡查，保护好护桩、支架、铁丝等扶护设施，发现有损坏及时修复。

⑤ 在显著位置设置警示牌，注以"请爱护一草一木""爱护环境，从我做起"等宣传语。

3.2 土、肥、水管理养护实例

以下是广东百林园林股份有限公司位于深圳市光明新区的"光明小镇欢乐田园首开区项目追光农场乐园"项目实例，详细介绍了园林绿化施工过程中养护管理情况。

3.2.1 树木类种植及养护

（1）机械清表

利用挖机进行机械清表（图3-70），主要清理绿化场地中的建筑垃圾、杂灌植株等影响施工及树木成活率的因素，并装车运输到指定点。

（2）人工清表

对于细部和机械无法企及的地方，需要根据地势和规划进行人工地块整平、细整。人工清表如图3-71所示。

图3-70　机械清表　　　　　　　图3-71　人工清表

（3）土壤改良

如图3-72，现场土壤达不到种植要求，应根据土壤情况，在树木植栽之前，将蘑菇肥与土壤进行充分搅拌形成种植土，提高土壤养分。

（4）换填种植土

如图3-73，将改良后合格的种植土回填至树穴，换土后须压实，使密度达到80%以上，避免因沉降产生坑洼和高低不平。

 图3-72 土壤改良
 图3-73 换填种植土

（5）栽植前修枝

如图3-74，卸车后栽植前，对苗木进行适度修剪。修剪时遵循树木自然形态和生物学特性，在保持基本形态下剪去阴生枝、病弱枝、徒长枝、重叠或者过密的枝条，并适当剪摘去部分叶片。对于断根、劈裂根、病虫根和过长的根，也进行适当修剪。

（6）修剪伤口处理

如图3-75，修剪时，剪口均应平而光滑，同时应保持修剪伤口卫生，对于较粗伤口，应及时涂刷"快活林愈伤膏"，以保护伤口和促进伤口愈合。

 图3-74 栽植前修枝
 图3-75 修剪伤口处理

（7）土球消毒

如图3-76，树木植栽前，对根部土球进行消毒处理，使用根护康、多菌灵、甲基硫菌灵等按照比例兑水稀释灌根消毒处理，增强根系活力，促进大树快速生根。

（8）安装透气管

如图3-77，树木植栽的同时，在大树土球两侧放上2～3根直径80～110cm PVC管，然后在PVC管底部靠近下口处打上10～20个小孔，做好前期排水透气工作。

（9）安装树支撑

如图3-78，大树移植后通常需要设立支撑，以避免大树因大风吹刮造成树干摇摆松动，

图 3-76　土球消毒

图 3-77　安装透气管

图 3-78　安装树支撑

使根系不能很好生长，而且没有支撑的话，在树干基部周围会形成空洞，遇雨时容易在干周空洞内积水而影响根系和地上部分生长，致使树体受力不均而倒伏。

（10）浇定根水

如图 3-79，树木栽植后立即灌溉定根水，其目的是让土球下沉不悬空，使土球、根系可以与栽植地的土壤充分接触，不留空隙，让树木更好地生根、吸收水分及养分。

（11）喷洒叶面水

如图 3-80，树木移植后，因蒸腾作用易失水，必须及时喷洒叶面水。喷水要求细而均匀，喷及树上各个部位和周围空间、地面，为树体提供湿润的小环境。

（12）挂营养液

如图 3-81，移栽后，大树树体树势比较虚弱，为了减小土球以及根系传导水分与养分的压力，可以给大树挂 1～2 袋吊针液来补充树体的生命物质，激活大树发芽，从而促进复壮。

图 3-79　浇定根水

图 3-80　喷洒叶面水

图 3-81　挂营养液

3.2.2 地被类种植及养护

（1）机械整地
如图 3-82，在铺设草皮前，同样先进行机械清表，主要清理绿化场地中的建筑垃圾、杂灌植株等影响施工及地被成活率的因素，并装车运输到指定点。

（2）人工整地
如图 3-83，机械整地后，进行人工细整，根据图纸规划设计要求，进行微地形修整。

图 3-82　机械整地

图 3-83　人工整地

（3）土壤施肥
如图 3-84，铺设草皮前，在土壤上均匀洒入蘑菇肥进行土壤改良。土层平整好后，采用拉线的方法来对齐，铺设时需要碾压固定。

（4）浇定根水
如图 3-85，等草皮铺设好之后，需要做好后期的养护管理，一次性浇水要浇透，能够补充水分，也能使草皮紧实。

图 3-84　土壤施肥

图 3-85　浇定根水

（5）喷洒叶面水
如图 3-86，定期喷洒叶面水，定期除杂草，提升绿地景观效果，同时也减少水分与养分的消耗。

（6）养护效果

图 3-87 为项目三个月后养护效果照片。

图 3-86　喷洒叶面水

图 3-87　养护效果

模块 4
园林植物整形修剪技术

4.1 园林植物整形修剪技术概述

整形修剪是园林植物综合管理过程中不可缺少的一项重要技术措施。在园林中,整形修剪广泛用于树木、花草的培植及盆景的艺术造型和养护,这对提升绿化效果和观赏价值起着十分重要的作用。

园林植物造型是指利用园林技术人员独具匠心的构思、巧妙的技艺,通过栽培管理、整形修剪、搭架造型,创造出美妙的艺术形象。它包容了中华民族几千年来的艺术精华,融园艺学、文学、美学、雕塑、建筑学等于一体,体现并能满足人们对美好环境及崇尚自然的追求。优美的园林植物造型具有很高的观赏价值,给人们提供了文明、健康、舒适的工作与生活环境,使人的身心在紧张的工作、生活节奏中得以调整、舒缓。因此,国家标准对园林绿化规定:城市绿化以绿为主,以美取胜。提倡植物造型,要求造型植物、攀缘植物和绿篱保持造型美观。绿地中的造型花篮、动物形态、彩色组字等应保持完整,绚丽鲜明。

4.1.1 整形修剪的目的和作用

对园林植物进行正确的整形修剪工作,是一项很重要的养护管理技术。它可以调节植物的生长与发育,创造和保持合理的植株形态,构成有一定特色的园林景观。

整形修剪的作用主要表现在以下几方面。

① 通过整形修剪促进或抑制园林植物的生长发育,改变植株形态。例如,榆树种植后可长成高大的乔木,但修剪成绿篱,则成了矮小的灌木。

② 利用整形修剪调整树体结构,使枝干布局合理,树形美观。例如,云杉球作为常绿剪型树,其树冠整齐,外形美观,多用于花坛中心栽植和点缀绿地。

③ 整形修剪可以调节养分和水分的运输,平衡树势,可以改变营养生长与生殖生长之间的关系,促进开花结果。如在万寿菊栽培上常采用多次摘心办法,促使其多抽生侧

枝，增加开花数量。

④ 经整形修剪，除去枯枝、病虫枝、密生枝，改善树冠通风透光条件，使植物生长健壮、病虫害减少、树冠外形美观、绿化效果增强。

⑤ 在城市街道绿化中，由于地上、地下的电缆和管道关系，通常均需应用修剪、整形措施来解决其与植物之间的矛盾等。

4.1.2　整形修剪的时间

园林植物整形修剪时期分为生长期（春季或夏季）整形修剪和休眠期（冬季）整形修剪。

生长期整形修剪的主要内容：去蘖、抹芽，两年生枝条开花灌木花后的整形、回缩、疏枝、短截，月季等一年多次开花灌木的去残花、短截等修剪。此期花木枝叶茂盛，影响到树体内部通风和采光，因此需要进行修剪。

休眠期整形修剪的主要内容：更新修剪，大树、行道树修剪，当年生枝条开花灌木的整形、回缩、疏枝、短截，两年生枝条开花灌木的整理修剪。落叶树适合在休眠期修剪，因落叶树从落叶开始至春季萌发前，树木生长停滞，树体内营养物质大都回归根部贮藏，修剪后养分损失最少且修剪的伤口不易被细菌感染腐烂，对树木生长影响较小。大部分树木的修剪工作在此时期内进行，也可以在生长期根据植物生长情况和栽植要求多次进行。比如，摘心可调节养分，剪除枯枝、密生枝，可改善树冠通风透光条件，特别是造型工作，主要是在生长期进行，这样才能收到应有的效果。

掌握好整形修剪时间，正确使用修剪方法，可以提升观赏效果，减少损失。例如，以花篱形式栽植的玫瑰，其花芽已在上年形成，花都着生在枝梢顶端，因此不宜在早春修剪，应在花后修剪；榆树绿篱可在生长期修剪几次，而葡萄在春季修剪则伤流严重。另外，对于树形的培养，在苗圃地内就应着手进行。

修剪时期的注意事项：

① 有严重伤流和易流胶的树种应避开生长季和落叶后伤流严重期，如枫杨、薄壳山核桃、杨树等不适合在冬春修剪，宜在生长旺盛季节进行；

② 抗寒性差的、易梢条的树种宜在早春进行，如大叶黄杨、金叶女贞等；

③ 常绿树的修剪应避开生长旺盛期，如桂花、山茶等。

4.1.3　整形修剪的技术要点和注意事项

在园林观赏树林修剪过程中，掌握正确的修剪方法，通过合理的修剪，可以培养出优美的树形。通过修剪可进一步调节营养物质的合理分配，抑制徒长，促进花芽分化，使幼树提早开花结果，又能延长盛花期、盛果期，还能使老树复壮。

（1）休眠期整形修剪

树木的休眠期（冬季）修剪方法主要分为三种，可以概括为截、回缩、疏。

1）截

截又称短截，即把枝条的一部分剪去。其主要目的是刺激侧芽萌发，抽生新梢，增加枝条数量，多发叶多开花。根据短截的程度可分为以下几种。

① 轻短截：轻剪枝条的顶梢（剪去枝条全长的1/5～1/4），主要用于花果类树木强壮

枝修剪。此种修剪方法在枝条去掉顶梢后，能刺激其下部多数半饱满芽的萌发，分散枝条养分，使来年园林观赏花果树类的枝条能产生更多中短枝，易形成花芽。

②中短截：剪到枝条中部或中上部饱满芽处（剪去枝条全长的1/3～1/2），主要用于某些弱枝复壮以及各种树木培养骨干枝和延长枝。

③重短截：剪去枝条全长的2/3～3/4。此种修剪方法刺激作用大，主要用于弱树、老树、老弱枝的更新复壮。

④极重短截：在枝条基部留1～2个瘪芽，其余全部剪去。园林中紫薇常采用此方法。

2）回缩

回缩是将多年生的枝条剪去一部分。因树木多年生长，离枝顶远，基部易光腿，为了降低顶端优势位置，促多年生枝条基部更新复壮，常采用回缩修剪方法，如图4-1所示。

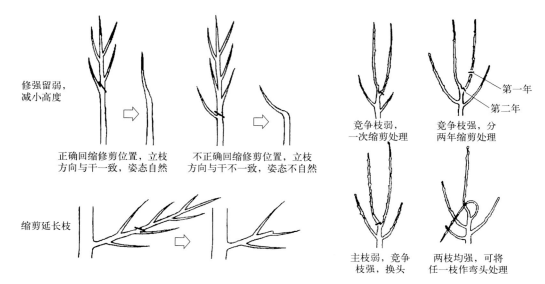

图4-1 回缩修剪方法示意图

3）疏

疏又称疏剪或疏删，指将枝条自分生处剪去。疏剪可以调节枝条均匀分布，加大空间，改善通风透光条件，有利于树冠内部枝条生长发育，有利于花芽分化。疏剪的对象主要是病虫枝、干枯枝、过密的交叉枝，以及干扰树形的竞争枝（逆向枝、平行枝、直立枝）、徒长枝、根蘖枝等（图4-2）。

萌芽力和成枝力都很强的植物，疏剪的强度可大些；萌芽力和成枝力较弱的植物，少疏枝，如雪松、梧桐等应控制疏剪的强度或尽量不疏枝。

幼树一般轻疏或不疏，以促进树冠迅速扩大成形。

花灌木类宜轻疏，以提早形成花芽开花。

成年树生长与开花进入旺盛期，为调节营养生长与生殖生长的平衡，适当中疏。

衰老期的植物，枝条有限，疏剪时要小心，只能疏去必须疏除的枝条。

疏枝时必须保证剪口下不留残桩，正确的方法应在分枝的结合隆起部分的外侧剪切，剪口要平滑，利于愈合。

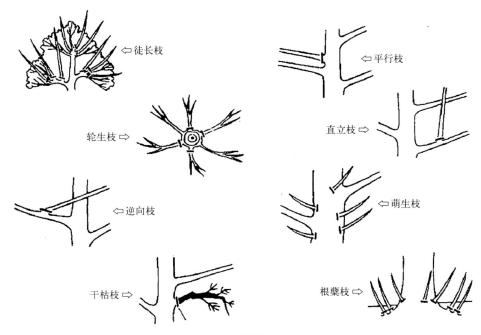

图 4-2 疏剪示意图

（2）生长期整形修剪

在植物的生长期，花木枝叶茂盛，影响到树体内部通风和采光，因此需要进行修剪。一般采用除蘖、抹芽、摘心、环剥、扭梢、曲枝、疏剪等修剪方法。

1）除蘖

除去树木主干基部及伤口附近当年长出的嫩枝或根部长出的根蘖称为除蘖。这些枝条和根蘖，有碍树形，分散树体养分，最好在木质化前进行，可用手掰掉。

2）抹芽

在修剪时将无用或有碍于骨干枝生长的芽除去，即为抹芽，目的是培养通直的主干，或防止主枝顶端竞争枝的生长。

3）摘心

在生长季节，随新梢伸长，随时剪去其嫩梢顶尖的技术措施称为摘心。通常在梢长至适当长度时，摘去先端 4～8cm，可使摘心处 1～2 个腋芽受到刺激发生二次枝，根据需要二次枝还可再进行摘心。

4）环剥

在发育盛期对不大开花结果的枝条，用刀在枝干或枝条基部适当部位，剥去一定宽度的环状树皮称为环剥。可阻止枝梢碳水化合物向下输送，利于环状剥皮上方枝条营养物质的积累和花芽的形成。环状剥皮深达木质部，剥皮宽度以 1 月内剥皮伤口能愈合为限。一般为枝粗的 1/10 左右。弱枝不宜剥皮。

5）扭梢

在生长季内，将生长过旺的枝条，特别是着生在枝背上的旺枝，在中上部扭曲下垂称为扭梢，目的是阻止水分、养分向生长点输送，削弱枝条长势，利于短花枝的形成。

6）曲枝

改变枝条生长方向，缓和枝条生长势的方法称为曲枝。目的是改变枝条的生长方向和角度，使顶端优势转位、加强或削弱。

常绿树没有明显的休眠期，春夏季可随时修剪生长过长、过旺的枝条，使剪口下的叶芽萌发。常绿针叶树在6—7月进行短截修剪，还可获得嫩枝，以供扦插繁殖。

一年内多次抽梢开花的植物，花后及时修去花梗，使其抽发新枝，开花不断，延长观赏期，如紫薇、月季等观花植物；草本花卉为使株形饱满，抽花枝多，要反复摘心；观叶、观姿类的树木，一旦发现扰乱树形的枝条就要立即剪除；棕榈类植物，则应及时将破碎的枯老叶片剪去；绿篱的夏季修剪，既要使其整齐美观，同时又要兼顾截取插穗。

（3）树木修剪中应注意的问题

① 修剪枝条的剪口要平滑，与剪口芽成45°角的斜面，从剪口的对侧下剪，斜面上方与剪口芽尖相平，斜面最低部分和芽基相平，这样剪口创面小，容易愈合，芽萌发后生长快。疏枝的剪口，于分枝点处剪去，与干平，不留残桩（图4-3）。丛生灌木疏枝与地面相平。剪口芽的方向、质量，决定新梢生长方向和枝条的生长方向（图4-4）。选择剪口芽的方向应根据树冠内枝条的分布状况和期望新枝长势的强弱考虑，需向外扩张树冠时，剪口芽应留在枝条外侧，如欲填补内膛空虚，剪口芽方向应朝内；对生长过旺的枝条，为抑制其生长，以弱芽当剪口芽，扶弱枝时选饱满的壮芽。

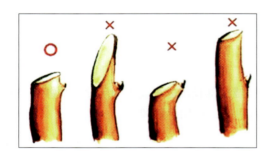  

图4-3 剪切位置示意图

② 在对较大的树枝和树干修剪时，可采用分步作业法。先在离要求锯口上方20cm处，从枝条下方向上锯一切口，深度为枝干粗度的一半，从上方将枝干锯断，留下一条残桩，然后从锯口处锯除残桩，可避免枝干壁裂。

③ 在锯除较大的枝干时，若造成伤口面较大，常因雨淋或病菌侵入而腐烂。因此在锯除树木枝干时，锯口一定要平整，用20%的硫酸铜溶液来消毒，最后涂上保护剂（保护蜡、调和漆等），起防腐防干和促进愈合的作用。

④ 落叶树和常绿树的修剪时期应有区别。冬季落叶树停止生长，这时修剪养分损失少，伤口愈合快。而常绿树虽在冬季休眠，但剪去枝叶有受冻害的危险。由于常绿树木的根与枝叶终年活动，新陈代谢不止，故叶内养分不完全用于贮藏，剪去枝叶时，其中养分损失，影响树木生长。常绿树修剪时期一般在冬季已过的晚春，即树木将发芽萌动之前是常绿树修剪的适期。

⑤ 在修剪中工具应保持锋利，对上树机械和折梯，使用前应检查各个部件是否灵活，有无松动，防止事故的发生。上树操作系好安全绳。在高压线附近作业时，要特别注意安

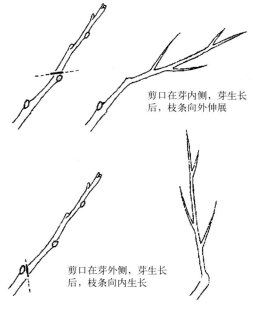

图 4-4　剪口芽的位置与来年新枝的方向

全,避免触电,必要时请供电部门配合。行道树修剪时,有专人维护现场,以防锯落大枝砸伤过往行人和车辆。

4.1.4　苗木种植前的修剪规范

种植前应进行苗木根系修剪,将劈裂根、病虫根、过长根剪除,并根据根系大小、好坏对树冠进行修剪,保持地上地下部生长平衡。

（1）乔木类修剪规定

① 落叶乔木应保持原有树形,适当疏枝,保持主、侧枝分布均匀,对保留的主、侧枝应在健壮叶芽上方短截,可剪去枝条 1/5～2/3,有主尖的乔木应保留主尖,如银杏只能疏枝,不得短截,国槐、栾树等耐修剪树种不得抹头修剪。

② 常绿针叶树,只剪除病虫枝、枯死枝、生长衰弱枝、过密的轮生枝和下垂枝。

③ 用作行道树的乔木,常绿树分枝点高应大于 2.8m,落叶树分枝点高应大于 3.2m,分枝点以上枝条酌情疏剪或短截。

（2）灌木及藤木修剪规定

① 有明显主干型灌木,修剪时应保持原有树形,主枝分布均匀,主枝短截长度应不超过 1/2。

② 丛枝型灌木预留枝条大于 30cm,多干型灌木适当疏枝。

③ 用作绿篱、色块、造型的苗木,在种植后按设计要求整形修剪。

④ 藤木类苗木应剪除枯死枝、病虫枝及影响观瞻部分,上架藤木可剪除交错枝、横向生长枝。

藤木类的整形修剪方式常有:

a. 棚架式,对卷须类及缠绕类藤本植物多采用此种方式进行剪整,如葡萄、紫藤;

b. 凉廊式,常用于卷须类及缠绕类植物,偶尔用于吸附类植物;

c. 篱垣式，常用于卷须类及缠绕类植物；

d. 附壁式，多用于吸附类植物，如爬墙虎、凌霄、扶芳藤等均用此法；

e. 直立式，用于茎蔓粗壮的种类，如紫藤。

（3）苗木修剪质量规定

① 剪口应平滑，不得劈裂。

② 枝条短截时应留外芽，剪口应位于留芽位置上方 0.5cm。

③ 修剪直径 2cm 以上大枝及粗根时，截口必须削平并涂防腐剂。

④ 对于生长季移植的落叶树，不同树种在保持树形的前提下应重剪，保证成活。

4.1.5 适合造型的园林植物

生长速度快，萌芽力与成枝力均强，耐修剪的园林植物最适宜造型，最典型的是桃树、绣线菊、月季、棣棠、木槿、紫薇、大叶黄杨等也都是植物造型的理想植物。适合几何造型的植物：罗汉松、红桎木、榆树、刺柏、侧柏、龙柏、黑松、千头柏、圆柏、大叶黄杨、云杉、黄杨、火棘、海桐、石楠、女贞、地被菊、五色草等（图4-5）。

4.1.6 确定园林植物的造型方向和原则

（1）园林植物的造型方向

首先，园林植物的造型设计要易于实施。所谓易于实施是指园林植物的造型方法与该植物的生长习性不相违背，其萌芽点往往与造型方向相合，其生长速度、发枝方位，都在造型师的预料之中。

其次，园林植物造型要满足植物生理生长需要。要有利于通风透光，保证植物有足够的叶片进行光合作用，从而满足植物开花和结果的需要。

再次，园林植物造型要满足大众的审美情趣。植物造型艺术是服务于民的艺术，再好的艺术造型，如果仅仅被极少数的艺术家看懂和认可，而普通观赏者却不明所以，也是其造型艺术的失败。

最后，园林植物造型要因种而异。不同种类植物应有不同的造型方向，即使是同一种植物也要根据其固有形态确定其特有的造型方向，这样不仅符合不同

罗汉松树桩

红桎木树桩

龙柏造型

图 4-5　适合造型的桩景树

种类园林植物的生理特点，同时又满足了不同个体的发育特性。这样的造型实施简便，又不易破坏树势，同时避免了千树一形、互相雷同的情况。

园林植物造型的前提和基础是植物的生态习性和生物技术处理手法，目的是要实现园林植物的观赏造型艺术效果和实用功能。

（2）园林植物造型的基本原则

根据园林景观的绿化要求，充分考虑植物造型的美学原理适时造型，注意植物的生长习性和立地条件，保证造型后的维护和管理。园林植物造型的基本原则如下。

1）统一与变化

观赏树木是用来绿化点缀园林空间的，其整形修剪的造型要与环境取得统一格调，或起到烘托作用，如在自然的山水中要采用自然式的修剪造型，在规则的园地中采用规则式的修剪造型。

2）调和与对比

观赏树木各有其自然形态，而环境空间形状各异，修剪成球形树放在方形平台上，形象对比较强；修剪成球形树放在圆形平台上，形象对比调和。若强调调和的环境，就采用调和的手法来进行修剪。

3）韵律与节奏

通过观赏树木的整形修剪可创造出无声的音乐，创造出具有韵律与节奏变化的树木形体艺术。如上下球状枝的修剪就是具有简单韵律的表现，上下前后大小枝条的变化具有交替韵律的变化，螺旋的上下有规律的修剪即形成交错韵律变化。如把整形平直的绿篱修剪成"城垛式""波浪式"，这样的绿篱就有了节奏韵律感。

4）比例与尺度

植物本身与环境空间也存在长、宽、高的大小关系，即比例。观赏树木本身，宽与高比例不同，给人感受就不同，可根据不同目的，采用相应的宽高比例。如1∶1具有端正感；1∶1.618具有稳健感；1∶1.414具有豪华感；1∶1.732具有轻快感；1∶2具有俊俏感；1∶2.36具有向上感。

尺度是指常见的某些特定标准之间的大小关系。在大空间里的观赏树木修剪要保持较大的尺度，使其给人雄伟壮观之感。在小于习惯的空间里，树木的修剪要保持较小的尺度，使之有亲切感。在与习惯同等大小的空间里修剪的观赏树木，尺度要适中，使其给人舒适之感。

5）均衡与稳定

被整形修剪的观赏树木，要给人们留下均衡稳定的感受，必须在整形修剪时保持明显的均衡中心，使各方都受此均衡中心的控制，如要创造对称均衡就要有明确的中轴线，各枝条在主干上自然分布，在无形的轴线两边保持平衡。稳定是说明观赏树木本身上下或两株树相对的关系，它是受地心引力控制的。从质感上看，上方细致修剪，下方粗犷修剪就显得稳定。均衡稳定的整形修剪造型，会给人们带来安定感和自然活泼的愉快感受。

6）比拟联想

这是中国的传统艺术手法，包括拟人、拟物两种。将观赏树木修剪成古老的自然形，会给人们带来古雅之感；修剪成各种建筑、雕塑、动物等几何体，就可以创造比拟的形象，如猪八戒背耙子、飞机、宝塔等造型。

（3）常见的园林植物造型

① 用时花栽植或摆放的图案造型（图 4-6）。

图 4-6　用时花栽植或摆放的图案造型

② 用灌木整形的模纹图案（图 4-7）。

图 4-7　用灌木整形的模纹图案

③ 用灌木种植的文字形图案（图4-8）。

图 4-8　用灌木种植的文字形图案

④ 用灌木修剪成圆锥形、柱形和塔形等造型（图4-9）。

图 4-9　用灌木修剪成圆锥形、柱形和塔形等造型

⑤ 用花卉拼装成动植物造型（图4-10）。

图4-10　用花卉拼装成动植物造型

⑥ 用灌木修剪成动物造型（图4-11）。

图4-11　用灌木修剪成动物造型

⑦ 用灌木修剪成人物造型（图4-12）。

图4-12

用灌木修剪成人物造型

4.2 园林修剪整形项目实例

4.2.1 树木栽植前修剪

在保持基本形态下剪去阴生枝、病弱枝、徒长枝、重叠或者过密的枝条，并适当剪摘去部分叶片，可以减少蒸腾面积，减少水分散失，保藏树体水分。对于断根、劈裂根、病虫根和过长的根，也应进行适当修剪，使地上地下保持供需平衡状态，以促进植物健壮生长，减少病虫害发生，使树冠外形美观，增强绿化效果。修枝和大树疏枝如图4-13～图4-16。

图4-13 修枝（一）

图4-14 修枝（二）

图4-15 大树疏枝（一）

图4-16 大树疏枝（二）

4.2.2 日常修剪整形

修剪应掌握一看、二剪、三检查的原则，修剪前先了解树木的生长势、枝条的分布情况及需要的冠形，剪时由上而下、由外而内、由粗剪到细剪。

对于树龄相对长的植株，修剪整形以更新复壮为主，采取重短截的方式。第一年先剪去 1/2 的老枝，用保留下来的另一半老枝来维持原来的树形，这样，一方面可以供观赏，同时还能为新枝的生长提供养分。两年以后，再把留下来的另一半老枝剪掉，可使营养集中于少数腋芽，萌发壮枝。此外，还需疏除弱枝、病虫枝及枯死枝。大树截枝见图 4-17。

图 4-17 大树截枝

4.2.3 特殊的整形修剪

对于个别移栽的速生树种，如图 4-17 所示，由于树木上半部已出现干枯现象，同时根部也有受损，因此对树木采用重截的方式，仅保留几个主枝，目的是均衡树势。如果不对地上部分进行重剪，就会造成根冠比例失衡，水分养分供应不足，进而导致发芽晚，树势严重削弱，甚至会造成死树。另一方面，根的吸水能力很弱，去掉大部分枝叶，可以降低植物的蒸腾作用，减少水分的散失，有利于移栽植物的成活。对于较大面积的伤口，为避免因雨淋或病菌侵入而腐烂，在锯除枝干时，锯口一定要平整，用 20% 的硫酸铜溶液来消毒，最后涂上保护剂（保护蜡、调和漆等），起到防腐防干和促进愈合的作用。

4.2.4 花灌木的整形修剪

整形修剪的作用：一是抑制植物顶端生长优势，促使腋芽萌发，则枝生长，墙体丰满，利于修剪成型；二是加速成形，满足设计欣赏效果要求。修剪的原则：从小到大，多次修剪，线条流畅，按需成形。

始剪修剪的技术要求：花灌木生长至高时开始修剪，按设计类型一次修剪成雏形。

修剪的时间：当次修剪后，清除剪下的枝叶，加强肥水管理，待新的枝叶长至 4~6cm 时进行下一次修剪，前后修剪间隔时间过长，花灌木会失形，必须及时进行修剪。

修剪的操作：目前多采用大篱剪手工操作，要求刀口锋利，紧贴篱面，不漏剪少重剪，旺长突出部分多剪，弱长凹陷部分少剪，每次把新长的枝叶全部剪去，保持设计规格形态（图4-18）。

4.2.5　花钵、花箱植物修剪整形

定期修剪植物，可保持造型美观。修剪时注意根据花木生长特性和发芽分枝规律，进行花木的修剪造型，基本上可分为剪除整个枝条一部分的"短剪"和剪除整个枝条全部的"疏剪"两种。疏剪是将枯枝、徒长枝、不良枝和不合树形的枝条从基部剪去，通常是初次或大幅修剪时采用，在生理上使养分集中在有用枝条上，修剪后树冠空间增大，通气及透光良好，有利于植物生长，可使植物整体长得更好，也更加美观。一般疏剪枝条、叶片、蕾、花和不定芽等。当花卉植株生长过于旺盛，导致枝叶过密时，应适时地疏剪其部分枝条，或摘掉过密的叶片，以改善通风透光条件，使花卉长得更健壮，花和果实的颜色更艳丽。另外，还应当经常疏剪植株上的枯黄枝条、叶片和受病虫危害的叶片，以使株形显得整齐、美观。花箱整理如图4-19、图4-20。

图4-18　灌木修剪

图4-19　花箱整理（一）

图4-20　花箱整理（二）

4.2.6　草坪修剪

草坪修剪是指去掉一部分生长的茎叶。修剪的目的是维持草坪中的草在一定的高度下生长，增加分蘖，促进横向的匍匐茎和根茎发育，增加草坪密度使草叶片变窄，提升草坪的观

赏性和运动性，限制杂草生长，抑制草坪草的生殖生长。草坪修剪频率取决于修剪高度，何时修剪则由草坪草生长速度决定。对于一般的草坪，原则上每次修剪不要超过1/3纵向生长茎叶的长度，否则地上茎叶生长与地下根系生长不平衡会影响草坪草正常生长，此称为1/3周期。一般情况下，修剪高度为5cm的草坪，每周修剪一次。草坪推剪如图4-21、图4-22。

图 4-21　草坪推剪（一）

图 4-22　草坪推剪（二）

4.2.7　某小区庭院园林植物景观现场养护成品案例

某小区庭院园林植物景观现场养护成品案例如图4-23。

图 4-23

模块 4　园林植物整形修剪技术

图 4-23

图4-23 某小区庭院园林植物景观现场养护成品案例

模块 5
园林植物病虫害识别与防治技术

5.1 园林植物病虫害识别与防治技术概述

园林植物病虫害防治是园林植物绿化管理过程中不可缺少的一项重要技术措施，是保证植物健康的重要手段。园林绿化植物在生长过程中，经常会受到病、虫的危害，导致生长不良，严重时甚至引起植物死亡，这不但影响园林植物绿化美化效果，还会造成一定的经济损失，给生态和社会方面带来一定的负面影响。因此，园林植物病虫害防治技术在园林绿化与养护过程中的应用，不但能提高园林植物的绿化效果和观赏价值，而且能减少经济损失，发挥园林绿化行业的生态效益，提高园林绿化行业的社会声誉。

随着我国生态文明建设的不断深入，生态环境保护工作日益受到各级政府的重视和全社会的广泛关注，各城市地区均开展了城市园林建设，大力种植绿色植被，增加绿化面积，营造和谐、美好的宜居家园。从近几年园林植物绿化管理来看，园林植物病虫害的防治成为重点工作之一。

5.1.1 园林植物病虫害防治的目的和作用

园林植物病虫害防治既是一项日常性的管护工作，在园林植物病虫害突发时也是一项应急性的技术措施。作为一项日常性的管护工作，它可以将园林植物有害生物控制在经济和生态允许的危害水平以内，保证园林植物的健康生长；作为一项应急性的技术措施，能够在园林植物病虫害突发时果断出手，及时将危险性的病虫害消灭在初发期，保证园林景观和城市生态安全免遭破坏。

园林植物病虫害防治的作用主要表现在以下几方面。

① 在园林植物病虫害发生之前，通过采取一些措施对园林植物病虫害进行预防，创造有利于园林植物生长发育而不利于病虫害发生的环境条件，防患于未然，可达到促进园林植物健康生长的目的。

② 在园林植物病虫害发生初期，及时采取防治措施，将病虫害控制在初发阶段，坚持

"治早、治小"的原则，将园林植物病虫害控制在发生早期和小范围内，防止其蔓延扩散，不但可以保护园林植物，还能节省防治成本。

③ 园林植物病虫害防治工作与其它园林绿化管护工作紧密相关，将园林植物病虫害防治理念融入园林绿化日常管理之中，如结合整形修剪，除去枯枝、病虫枝、密生枝，可促进园林植物健壮生长，提高园林植物抗病虫害的能力，从而减少病虫害的发生。

④ 由于城市园林植物病虫害发生环境的特殊性，应将生态安全的理念作为防治的原则之一，正确处理好病虫害防治和市民生活及休闲娱乐的关系，在防治时尽量选择生物防治法、物理机械防治法和局部用药等防治方法，并且选用高效、低毒、低残留的化学药剂用于病虫害的防治。

5.1.2　园林植物病虫害防治的基本要求

园林植物病虫害防治工作是一项要求比较高的技术性工作。作为一名园林绿化养护人员，若要能够胜任园林植物病虫害防治工作，首先要能正确判断植物是病害还是虫害，其次要能识别病害的症状及其主要种类，再次要能识别害虫的主要类群及其危害特征，最后要熟练掌握农药的防治对象、剂型及其使用方法。

（1）园林植物病害症状的识别

1）园林植物病害概念

园林植物在生长发育过程中，或在修剪、贮藏、运输等过程中，由于受其他生物的侵害或不适宜环境条件的影响，在生理上、组织结构上和外部形态上产生一系列局部或整体的异常变化，植物生长发育受到显著影响，甚至植株死亡，不仅降低观赏价值，而且造成经济损失，这种现象称为园林植物病害。

有无病理过程是识别园林植物病害的重要标志。如植物受到昆虫咬伤、风折受伤、人为机械伤等，这些在短时间内受外界因素作用而突然形成的伤害称为损伤，不是病害。另外，园林植物病害是以人类生产和经济观点而言的，有些园林植物受到其他生物侵害或不适宜环境条件的影响后，也表现出某些病态，但却增加了它们的经济价值或观赏价值，一般也不称为病害。

引起园林植物生病的直接原因称为病原，按病原性质不同，可分为两大类：

① 生物性（侵染性）病原：包括各种有害生物，如真菌、细菌、植原体、病毒、线虫、寄生性种子植物、藻类、螨类等。

② 非生物性（非侵染性）病原：包括影响园林植物正常生长发育的各种不适宜的环境条件，主要是指气候、土壤、营养等方面的条件。

引起园林植物生病的病原生物称为病原物，其中，真菌、细菌又称为病原菌。

2）园林植物病害症状

园林植物感病后，在外部形态上所表现出来的不正常变化，称为症状。症状可分为病状和病症。病状是感病植物本身所表现出来的不正常状态；病症是病原物在寄主植物发病部位上产生的营养体和繁殖体等特征性表现。如大叶黄杨褐斑病，在叶片上形成的近圆形、灰褐色的病斑是病状，后期在病斑上由病原菌长出的小黑点是病症。

所有的园林植物病害都有病状，而病症只在由真菌、细菌、寄生性种子植物和藻类所引起的病害上表现较明显；病毒、植原体和类病毒等引起的病害无病症；线虫多数在植物体内寄生，一般体外也无病症；非侵染性病害无病症。

3）园林植物病害的主要病状类型

① 变色：变色是指园林植物生病后局部或全株失去正常的颜色。变色主要是由于病部细胞内的叶绿素被破坏，或其形成受到抑制，或其他色素（花青素、胡萝卜素等）形成过多，色素比例失调造成的。变色在叶片上表现最明显。

a. 整个植株、整个叶片或其一部分（叶尖、叶脉）均匀变色，变成浅绿色、黄色、白色或红色。表现为褪绿、黄化、红叶等类型。

褪绿是叶片因叶绿素均匀减少变为淡绿或黄绿。

黄化是叶绿素形成受抑制或被破坏，使整叶均匀发黄；植物营养贫乏或失调、光照不足、病毒、植原体也可以引起黄化。黄化是园林植物病毒病和植原体病的主要病状，如栀子花黄化病（图5-1）、翠菊黄化病等。

红叶是叶绿素消失后，花青素形成过盛，叶片变紫色或红色。

b. 植株、叶片或其一部分不均匀变色。表现为花叶、斑驳等类型。

花叶是由于形状不规则的深绿、浅绿、黄绿或黄色部位相间而形成不规则的杂色，不同颜色部位的轮廓清楚。花叶是园林植物病毒病的主要病状，一般由病毒引起，如山茶花叶病（图5-2）、大丽花花叶病等。斑驳指黄绿相间或浓绿与浅绿相间部位的轮廓不很清楚，如观赏椒病毒病等。

图5-1 栀子花黄化病

图5-2 山茶花叶病

c. 碎锦（碎色）是变色发生在花朵上，花的颜色由单色变为杂色，如郁金香碎色病等。

d. 明脉是变色发生在叶脉上，叶的主脉和次脉变为半透明状，如矮牵牛病毒病等。

② 坏死：植物细胞和组织的死亡，但不解体。通常是由于病原物杀死或毒害植物，或是寄主植物的保护性局部自杀造成的。常有坏死斑、叶枯、疮痂、穿孔、猝倒、立枯、枯梢、溃疡等。

a. 坏死斑：多发生在叶片和果实上，形状和颜色不一。根据颜色不同分褐斑、黑斑、灰斑、白斑、黄斑和锈斑等。根据形状不同分为圆斑、角斑、条斑、轮纹斑和不规则斑等。病斑后期有的出现霉点或小黑点，一般由真菌、细菌等引起，如月季黑斑病、金叶女贞褐斑病、瓜叶菊白斑病（图 5-3）等。

b. 叶枯：叶片上较大面积的枯死，枯死的轮廓有的不像叶斑那样明显，如唐菖蒲叶枯病、桂花叶枯病等。

c. 疮痂：发生在叶片、果实和枝条上，斑点表面粗糙，有的局部细胞增生而稍微突起，形成木栓化的组织，多由真菌引起，如柑橘疮痂病、大叶黄杨疮痂病等。

d. 穿孔：病斑周围组织木栓化，中央病部干枯脱落形成孔洞，如樱花穿孔病。

e. 枯梢：枝条从顶端向下枯死，甚至扩展到主干上。一般由真菌、细菌或生理原因引起，如马尾松枯梢病、楠竹枯梢病、雪松枯梢病等。

f. 溃疡：枝干皮层、果实等部位局部组织坏死，形成凹陷病斑，病斑周围常为木栓化愈伤组织所包围，后期病部常开裂，并在坏死的皮层上出现黑色的小颗粒或小型的盘状物。一般由真菌、细菌或日灼等引起，如槐树溃疡病、杨树溃疡病。

g. 猝倒与立枯：猝倒是幼苗在坏死处倒伏；立枯是幼苗枯死但不倒伏。

③ 腐烂：植物组织较大面积的分解、细胞坏死并解体，原生质被破坏以致组织溃烂。腐烂是由于病原物产生的水解酶分解、破坏植物组织造成的。

植物根、茎、花、果都可发生腐烂，幼嫩或多汁的组织更易发生。多汁幼嫩的组织常为湿腐，如橡皮树灰霉病（图 5-4）、羽衣甘蓝软腐病等。含水较少、较硬的组织常发生干腐，如三棱掌腐烂病、桃褐腐病等。腐烂一般由真菌或细菌引起。

图 5-3　瓜叶菊白斑病

图 5-4　橡皮树灰霉病

④ 萎蔫：植物的整株或局部因脱水而枝叶下垂的现象，主要由于植物根部受害，水分吸收和运输困难或病原毒素的毒害、诱导产生导管堵塞物造成。萎蔫期间失水迅速、植株仍保持绿色的称为青枯。不能保持绿色的又分为枯萎和黄萎。由于干旱、根系腐烂或输导组织受阻，部分枝条或整个树冠的叶片会凋萎、脱落或整株枯死。一般由真菌、细菌或生理原因引起，如榆枯萎病、唐菖蒲枯萎病等。

⑤ 畸形：植物受害部位的细胞分裂和生长发生促进性或抑制性的病变，致使植物整株或局部的形态异常。畸形主要是由于病原物分泌激素物质或干扰寄主激素代谢造成的。

a. 肿瘤：枝干和根上的局部细胞增生，形成各种不同形状和大小的瘤状物。一般由真菌、细菌、线虫、寄生性种子植物或生理原因引起，如樱花根癌病、根结线虫病。

b. 丛枝：顶芽生长受抑制，侧芽、腋芽迅速生长，或不定芽大量发生，发育成小枝，小枝上的顶芽又受抑制，其侧芽又发育成小枝，这样多次重复发展，叶片变小，节间变短，枝叶密集丛生。多由真菌、植原体或生理原因引起，如竹丛枝病、泡桐丛枝病等。

c. 小叶、缩叶、卷叶、叶肿胀或形成毛毡，枝条带化，果实变形等，一般由真菌、螨类或其他原因引起，如桃缩叶病、月季带化病、杜鹃饼病（图5-5）、阔叶树毛毡病等。

⑥ 流胶或流脂：从受害部位流出的树胶或树脂等细胞和组织分解的产物。流胶发生在阔叶树上，流脂发生在针叶树上。一般由真菌、细菌或非生物性病原（霜害、水分过多或不足等）引起，有时可能是它们综合作用的结果，如桃树流胶病、松树流脂病等。

4）园林植物病害的主要病症类型

① 粉状物：植物发病部位出现各种颜色的粉状物，如白粉［紫薇白粉病（图5-6）、月季白粉病］、锈粉（也称锈状物，玫瑰锈病、海棠锈病）、黑粉（草坪草黑粉病）、白锈（牵牛花白锈病）等。

图5-5 杜鹃饼病　　　　　　图5-6 紫薇白粉病

② 霉状物：植物发病部位出现各种颜色的霉状物，如霜霉（葡萄、月季霜霉病）、灰霉［月季、非洲菊灰霉病（图5-7）］、烟煤（山茶烟煤病）、青霉（柑橘青霉病）等。

③ 点状物：是指形状、大小、色泽和排列方式各不相同的黑色或褐色小点，它们半埋生或埋生在植物组织表皮下，不易与组织分离。如桂花叶枯病（图5-8）、山茶炭疽病等。

④ 颗粒状物（菌核）：病部先产生白色绒毛状物，后期聚结成大小、形状不一的菌核，颜色逐渐变深，质地变硬，如兰花白绢病等。

⑤ 线状物（菌索）：菌索是由菌丝形成的，呈绳索状，如苗木紫根病等。

图5-7 非洲菊灰霉病

⑥ 菌脓：细菌性病害常从病部溢出灰白色、蜜黄色的液滴，干后结成菌膜或小块状物，如桃细菌性穿孔病。

（2）园林植物病害的种类及其识别

1）侵染性病害和非侵染性病害

① 侵染性病害：由生物因子引起的植物病害都能相互传染，有侵染过程，称为侵染性病害或传染性病害。这类病害在田间常先出现中心病株，有从点到面扩展蔓延的过程。

图 5-8　桂花叶枯病

② 非侵染性病害：由非生物因子引起的病害，不能互相传染，没有侵染过程，称为非侵染性病害或非传染性病害，也称为生理性病害。这类病害在田间常大面积成片发生，全株发病。如高温引起灼伤；低温引起冻害；土壤水分不足引起枯萎；排水不良、积水造成根系腐烂，直至植株枯死；营养元素不足引起缺素症；空气和土壤中的有害化学物质及农药使用不当等引起药害。

2）真菌性病害

由病原真菌引起的植物病害，称为真菌性病害。由于真菌侵染部位在潮湿条件下都有菌丝和孢子产生，会出现白色棉絮状物、丝状物及不同颜色的粉状物、霉状物或颗粒状物等病症，因此，这些病症是判断真菌性病害的主要依据。

植物被真菌性病害侵染后，在感病部位会产生不同形状的病斑，病斑上会产生不同颜色的霉状物、粉状物、点状物、颗粒状物，有的还产生菌核与菌索，无臭味，如紫薇白粉病、梨锈病等。

3）细菌性病害

由病原细菌引起的植物病害，称为细菌性病害，侵害植物的细菌多为杆状菌，大多数具有一至数根鞭毛，可通过自然孔口（气孔、皮孔、水孔等）和伤口侵入，借流水、雨水、昆虫等传播，在病残体、种子、土壤中越冬，在高温、高湿条件下容易发病。细菌性病害的病状主要表现为萎蔫、腐烂、坏死、畸形等，发病后期如遇潮湿天气，在病部会溢出细菌黏液，有明显恶臭味，这些是细菌性病害的特征，如百合软腐病、菊花青枯病、月季根癌病等。

4）植原体病害

由植原体引起的植物病害，称为植原体病害。植原体常引起植物全株发病，病状主要有丛枝、黄化、矮化、萎缩、花变叶和花色变绿等，其中，丛枝、花变叶和花色变绿是植原体病害的典型病状，这类病害没有病症。植原体可通过带病的无性繁殖材料、嫁接、菟丝子、介体昆虫等传播。但在自然条件下，植原体主要是由介体昆虫传播的。最主要的介体昆虫是叶蝉，其他的还有木虱、蜡象、飞虱等。已知由植原体引起的园林植物病害有牡丹丛枝病、夹竹桃丛枝病、天竺葵丛枝病、绣球花绿变病、紫罗兰绿变病、丁香绿变病、长春花黄化病等。

5）病毒性病害

由植物病毒寄生引起的病害，称为病毒性病害。园林植物病毒病多数为系统性发病，少数为局部发病。其特点是有病状没有病症，病状多为花叶、黄化、畸形、坏死等。病状以叶片和嫩枝表现最明显。有少数病毒侵染寄主植物后，虽然在寄主体内繁殖并存在大量病毒粒子，但寄主植物并不表现症状，这种现象称潜隐性病毒病。病毒可通过介体（最主要的是昆虫，其次是线虫、螨类、真菌和菟丝子）、接触、无性繁殖材料、种子和花粉等传播。

6）植物线虫病

由植物寄生性线虫侵染和寄生引起的植物病害，称为植物线虫病。为害植物的根和地下茎的线虫，会使根系上着生许多大小不等的肿瘤（根结），或根系因生长点被破坏而使生长受抑制，或根系和地下茎腐烂。当根系和地下茎受害后，植株生长衰弱，矮小，发育缓慢，叶色变淡甚至萎黄，出现类似缺肥造成的营养不良现象。为害植物地上部分（茎、叶、芽、花、穗部等）的线虫，会造成茎叶卷曲或组织坏死（枯斑），幼芽坏死，以及形成叶瘿或穗瘿（种瘿）等。为害树木木质部的线虫，会破坏疏导组织，使全株萎蔫直至枯死。

线虫在田间的传播主要通过灌溉水、耕作过程中土壤的携带等，远距离传播则是依靠种子、球根及花木的调运等。

7）寄生性种子植物病害

由寄生性种子植物引起的病害，称为寄生性种子植物病害。其中最常见和为害最大的有桑寄生、菟丝子寄生。防治桑寄生，应清除病枝。桑寄生在寄主落叶后易于辨认，因此，最好在冬季或其果实成熟前铲除，特别要注意铲除其吸器和匍匐茎。防治菟丝子主要应精选种子和实行种苗检疫，防止将菟丝子带入苗圃和未发生此类病害的地区。此外，用生物制剂"鲁保一号"防治菟丝子，效果显著。

（3）园林植物害虫主要类群与危害症状

1）昆虫的口器类型

口器是昆虫的取食器官。根据昆虫取食食物的性质，将昆虫的口器类型分为取食固体食物的咀嚼式口器、吸取液体食物的吸收式口器（含刺吸式、锉吸式、虹吸式等）及兼食固体和液体食物的嚼吸式口器。其中与园林植物害虫防治相关的主要是前两类，尤其是咀嚼式、刺吸式口器。

2）咀嚼式口器害虫的危害特点

咀嚼式口器害虫的危害，常造成各种形式的机械损伤。其危害方式和危害症状如下。

① 蚕食：将叶片咬成缺口、孔洞，或将叶肉吃去，仅留网状叶脉，或全部吃光。

② 卷叶：将叶片卷起，然后藏匿其中为害。

③ 潜叶：潜入叶肉中取食，留下上、下表皮呈银白色蛀道。

④ 缀叶：将附近枝叶缀连在一起形成虫苞，隐匿其中取食。

⑤ 撕咬：咬断根或茎。

⑥ 钻蛀：钻蛀虫道，潜入根、茎、果等内部，隐蔽取食。

常见的咀嚼式口器害虫种类：直翅目的成虫、若虫，如蝗虫；鞘翅目的成虫、幼虫，如天牛、金龟子等；鳞翅目的幼虫，如刺蛾、蓑蛾等；膜翅目的幼虫，如叶蜂等。

使用药剂类型：胃毒剂、触杀剂、熏蒸剂、微生物农药。

3）刺吸式口器害虫的危害特点

刺吸式口器害虫危害没有明显的机械损伤，但植物的受害部位会表现如下特点。

① 失绿斑点：在叶面上形成各种失绿褪色斑点，严重时黄化。
② 畸形：叶片卷曲、皱缩等。
③ 虫瘿：如榆瘿蚜与桃瘤蚜的危害状。
④ 传播病毒病：如蚜虫、粉虱等。

常见的刺吸式口器害虫：蚜、螨、蚧、粉虱、叶蝉、网蝽、木虱、蝉、蜡蝉等。

使用药剂类型：内吸剂、触杀剂、熏蒸剂和生物制剂。

4）园林植物害虫的主要类群

① 直翅目：通称蝗虫、蟋蟀、蝼蛄等。成虫体长2.5～90mm。咀嚼式口器，触角丝状。有翅或无翅，前翅狭长，为复翅。后足为跳跃足或前足为开掘足。雌虫多具发达的产卵器，雄虫通常有听器或发声器。渐变态，多数植食性。

园林植物上常见的害虫：蝼蛄、蚱蜢、棉蝗等。

② 等翅目：通称白蚁。体长3～10mm。触角念珠状，口器咀嚼式。有翅型，前后翅大小形状和脉序都很相似，跗节4～5节，尾须短，渐变态。多型性，社会性昆虫。按建巢的地点可分为木栖白蚁、土栖白蚁、土木两栖白蚁3类，主要分布于热带、亚热带，少数分布于温带。

园林植物上常见的害虫：家白蚁、黑翅土白蚁、黄翅大白蚁。

③ 半翅目：通称蝽象。体小至大型。单眼两个或无，触角3～5节。刺吸式口器，下唇延长形成分节的喙，喙通常4节，从头部的前端伸出。前胸背板大，中胸小盾片发达。前翅为半鞘翅，后翅膜质。多数种类具有臭腺，渐变态，捕食性或植食性。

园林植物上常见的害虫：麻皮蝽、梨网蝽、杜鹃冠网蝽、悬铃木方翅网蝽、华南冠网蝽、樟颈曼盲蝽、山竹缘蝽等。

④ 同翅目：通称蝉、叶蝉、粉虱、木虱、蚜、蚧等。体微小至大型。触角刚毛状或丝状。口器刺吸式，从头部腹面的后方伸出，喙通常3节。前翅革质或膜质，后翅膜质，静止时平置于体背上呈屋脊状，有的种类无翅。有些蚜虫和雌性介壳虫无翅，雄介壳虫后翅退化成平衡棒。渐变态，而粉虱及雄蚧为过渐变态。两性生殖或孤雌生殖。植食性，刺吸植物汁液，造成生理损伤，并可传播病毒或分泌蜜露，引起煤污病。

园林植物上常见的害虫：蚜虫、介壳虫、木虱、粉虱、叶蝉等。

⑤ 缨翅目：通称蓟马。体微小至小型，长0.5～14mm，一般为1～2mm。口器锉吸式，左右不对称。翅狭长，具少数翅脉或无翅脉，翅缘扁长，或长或短，有毛，也有无翅及仅存遗迹的种类。缺尾须。

园林植物上常见的害虫有花蓟马等。

⑥ 鳞翅目：通称蝶、蛾。昆虫纲中第二大目。体小至大型，翅展3～265mm。口器虹吸式，喙由下颚的外颚叶形成，不用时卷曲于头下。翅一般两对，前后翅均为膜质，翅面覆盖鳞片。幼虫多足型，俗称毛毛虫。具有3对胸足。一般有2～5对腹足。腹足端部常具趾钩。幼虫体表常具各种外被物。蛹主要为被蛹。完全变态。大多为植食性。

园林植物上常见的害虫：刺蛾类、蓑蛾类、螟蛾类、尺蛾类、夜蛾类、灯蛾类、毒蛾类、天蚕蛾、凤蝶、灰蝶等。

⑦ 鞘翅目：通称甲虫，昆虫纲中第一大目。体微小至大型，体壁坚硬。复眼发达，一

般无单眼。触角一般 11 节，形状多样。口器咀嚼式。前翅坚硬、角质，为鞘翅，后翅膜质。跗节数目变化很大。全变态。幼虫寡足型或无足型，口器咀嚼式。蛹多为裸蛹。植食性、捕食性或腐食性。

园林植物上常见的害虫：星天牛、光肩星天牛、桑天牛、杨叶甲、柳蓝叶甲、蛴螬、象甲等。

⑧ 膜翅目：通称蜂、蚁。体微小至大型。触角多于 10 节，有丝状、膝状等。口器咀嚼式或嚼吸式。翅两对，膜质，翅脉少。跗节 5 节，有的足特化为携粉足。腹部第 1 节常与后胸连接，胸腹间常形成细腰。雌虫产卵器发达，高等种类形成针状构造。完全变态。幼虫多足型、寡足型和无足型等。蛹为离蛹。捕食性、寄生性或植食性。

园林植物上常见的害虫：榆三节叶蜂、蔷薇叶蜂、樟叶蜂等。

⑨ 双翅目：通称蚊、蝇、虻等。体小至中型。前翅 1 对，后翅特化为平衡棒，前翅膜质，脉纹简单。口器刺吸式或舐吸式，复眼发达，触角有芒状、念珠状、丝状。全变态。幼虫蛆式无足。多数围蛹，少数被蛹。

园林植物上常见的害虫有美洲斑潜蝇。

⑩ 叶螨类：螨类属于蛛形纲，蜱螨目。为害园林植物的螨类，刺吸植物汁液，引起叶子变色、脱落，使柔嫩组织变形，形成虫瘿。体小型或微小，呈圆形或卵圆形，有些种类则为蠕虫形。口器由于食性不同分咀嚼式和刺吸式。危害园林植物的螨类为刺吸式。

园林植物上常见的害虫为各种红蜘蛛。

5.1.3　园林植物病虫害防治的方法

（1）植物检疫

1）植物检疫的概念

植物检疫是指一个国家或地方政府颁布法令，设立专门机构，禁止或限制危险性病、虫、杂草人为地传入或传出，或者传入后为限制其继续扩展所采取的一系列措施。

2）植物检疫的任务

① 禁止危险性病虫害及杂草随着植物及其产品由国外输入或国内输出。

② 将国内局部地区已发生的危险性病虫害及杂草封锁在一定的范围内，防止其扩散蔓延，并采取积极有效的措施，逐步予以清除。

③ 当危险性病虫害及杂草传入新的地区时，应采取紧急措施，及时就地消灭。

（2）园林技术防治

它是贯彻"预防为主，综合治理"方针的基本措施，贯穿在园林植物绿化管理的日常工作中。如场圃及绿地卫生管理（对场圃及绿地中病虫残体及时收集，深埋或化学药剂处理；在生长季节中及时摘除有病虫枝叶，拔出病虫株，并对病土进行处理），选用健康无病虫的繁殖材料，加强肥水管理，轮作，等等。

（3）物理机械防治

1）物理机械防治的概念

利用各种简单的器械和各种物理因素来防治病虫害的方法称为物理机械防治。这种方法既包括人工捕杀，又包括近代物理新成就的应用。

2）主要方法

① 捕杀法：利用人工或各种简单的器械捕捉或直接消灭害虫的方法称捕杀法。人工捕杀适合于具有假死性、群集性或其它目标明显易于捕捉的害虫，多数金龟甲、象甲的成虫具有假死性。

② 诱杀法：利用害虫的趋性，人为设置器械或饵物来诱杀害虫的方法称为诱杀法。利用此法还可以预测害虫的发生动态。

a. 灯光诱杀：利用害虫对灯光的趋性，人为设置灯光来诱杀害虫的方法称为灯光诱杀。目前生产上所用的光源主要是黑光灯，此外，还有高压电网灭虫灯、LED太阳能灭虫灯等。

b. 毒饵诱杀：利用害虫的趋化性，在其所喜欢的食物中掺入适量毒剂来诱杀害虫的方法称为毒饵诱杀。如蝼蛄、地老虎等地下害虫，可用麦麸、谷糠等作饵料，掺入适量敌百虫、辛硫磷等药剂制成毒饵来诱杀；用糖、醋、酒、水、10%吡虫啉按9：3：1：10：1的比例混合配成毒饵液可以诱杀地老虎、黏虫等。

c. 饵木诱杀：许多蛀干害虫，如天牛、小蠹虫等喜欢在新伐倒木上产卵繁殖，因而可在这些害虫的繁殖期，人为地放置一些木段，供其产卵，待卵全部孵化后进行剥皮处理，消灭其中的害虫。

d. 植物诱杀：利用害虫对某些植物有特殊的嗜食习性，人为种植或采集此种植物诱集捕杀害虫的方法称为植物诱杀。如在苗圃周围种植蓖麻，可使金龟甲误食后麻醉，从而集中捕杀。

e. 潜所诱杀：用害虫在某一时期喜欢某一特殊环境的习性，人为设置类似的环境来诱杀害虫的方法称为潜所诱杀。如在树干基部绑扎草把或麻布片，可引诱某些蛾类幼虫前来越冬，又如在苗圃内堆集新鲜杂草，能诱集地老虎幼虫潜伏草下，然后集中杀灭。

f. 色板诱杀：将黄色粘胶板设置于植物栽培区域，可诱粘到大量有翅蚜、白粉虱、斑潜蝇等害虫，其中以在温室保护地内使用时效果较好。

③ 阻隔法：人为设置各种障碍，以切断病虫害的侵害途径，这种方法称为阻隔法，也叫障碍物法。包括涂毒环、涂胶环、挖障碍沟、设障碍物、土壤覆盖薄膜或盖草、纱网阻隔等。

④ 种苗、土壤的热处理：有病虫苗木可用热风处理，温度为35～40℃，处理时间1～4周；也可用40～50℃的温水处理，浸泡时间为10min～3h。如唐菖蒲球茎在55℃水中浸泡30min，可以防治镰刀菌干腐病。现代温室土壤热处理是使用热蒸汽（90～100℃），处理时间为30min。蒸汽处理可大幅度降低香石竹镰刀菌枯萎病、菊花枯萎病的发生概率。

（4）生物防治

1）生物防治的概念

利用生物及其代谢物质来控制病虫害、杂草等的方法称为生物防治法。

2）生物防治的内容

① 利用天敌昆虫防治害虫。

② 利用病原微生物防治害虫。

③ 利用蜘蛛和螨类防治害虫。

④ 利用鸟类防治害虫。

⑤ 利用激素防治害虫。

⑥ 利用拮抗菌或其代谢产物防治病害。

（5）化学防治

1）化学防治的概念与优缺点

化学防治是指使用化学农药来防治病虫害、杂草等的方法。

化学防治具有快速高效、使用方法简单、不受地域限制、防治效果显著、便于大面积机械化操作等优点。但也具有容易引起人畜中毒、污染环境，杀伤天敌和其他有益生物，引起次要害虫再猖獗，并且长期连续使用同一种农药，可使某些害虫和病原物产生不同程度的抗药性等缺点。当病虫害大发生时，化学防治可能是唯一的有效方法。今后相当长时期内化学防治仍然占有重要地位。

2）农药的分类

农药是指用于预防、消灭或控制害虫、害螨、病菌、杂草、线虫、鼠类及其它有害生物的药剂。根据防治对象不同，农药可分为杀虫剂、杀菌剂、除草剂、杀螨剂、杀线虫线、灭鼠剂等。

杀虫剂根据进入昆虫体内的途径分为触杀剂、胃毒剂、内吸剂、熏蒸剂、拒食剂、忌避剂等。

杀菌剂可分为：

① 保护剂：在植物感病前，把药剂喷布于植物体表面，形成一层保护膜，阻碍病原物的侵染，从而使植物免受其害的药剂，如波尔多液、代森锰锌等。

② 治疗剂：在植物感病后，喷布药剂，以杀死或抑制病原物，使植物病害减轻或恢复健康的药剂，如粉锈宁、甲基托布津等。

3）农药的加工剂型及其应用

① 粉剂：原药+惰性粉（高岭土等），经机械磨碎，得到粉状混合物（粒径<100μm）。

使用方法：人工喷粉或机械喷粉，也可拌种或作土壤处理；不能加水使用；不能作喷雾使用。

② 可湿性粉剂：原药+填充剂+湿润剂，经机械研磨、气流粉碎而成。

使用方法：加水稀释后喷雾使用，不能喷粉；随配随用；不断搅拌，保证浓度一致，避免药害。

③ 可溶性粉剂（晶体）：把具有水溶性的固体农药制成可溶性粉剂（晶体）。

使用方法：加水喷雾使用。

④ 乳剂（乳油）：原药+乳化剂+溶剂，加工成透明油状剂型。

使用方法：加水喷雾使用。

⑤ 颗粒剂：原药+载体（黏土、煤渣、玉米芯），制成直径30～60目的颗粒。

使用场合：主要用于土壤处理，防治地下害虫。

⑥ 烟剂：燃料（锯末、木炭粉、尿素等）+原药+助燃剂（氧化剂——硝酸盐、氯酸钾等）+阻燃剂（消燃剂——氯化铵、陶土、滑石粉等）制成。

使用场合：用于防治密闭空间的害虫。

⑦ 水剂：将水溶性原药直接溶于水中而制成的剂型。

使用方法：加水喷雾使用。

⑧ 油剂：加低挥发性油作溶剂，加少量助溶剂而制成的一种制剂。

使用方法：用于弥雾或超低容量喷雾，不能兑水使用。

⑨ 其它剂型：熏蒸剂、缓释剂、悬浮剂、毒笔、毒签、胶囊剂、微胶囊剂、片剂等。

4）农药的使用方法

① 喷雾法：借助喷雾器械将药液均匀地喷布于防治对象及其寄主植物上的施药方法，包括常规喷雾法、低容量喷雾法（弥雾法）、超低容量喷雾（旋转离心雾化法）。

② 喷粉法：优点是不受水源限制；缺点是易污染环境。

③ 土壤处理法：将农药与细土、细沙等混合均匀后撒于地面，然后翻于耕作层内，用于防治地下害虫、根部病害或在土中越冬的害虫、病菌、杂草等。

④ 撒施法或毒土法：将药剂与细土拌匀后均匀撒到植物上、水面、播种沟内或与种子混播。

⑤ 种苗处理法：包括拌种、浸种、浸苗和种衣法。

⑥ 毒谷、毒饵法：将饵料与胃毒剂按一定比例混合均匀制成毒饵，撒布在害虫栖息、发生地，诱集害虫取食中毒而死亡的方法。防治对象：地下害虫。幼苗期宜在傍晚进行。

⑦ 熏蒸、熏烟法：利用熏蒸剂或有挥发性的药剂来防治有害生物的方法，一般应在密闭条件下进行。其主要用于土壤消毒，防治仓储、温室大棚里的病虫害及蛀干害虫、种苗害虫。

⑧ 内吸涂环法（涂抹法）：内吸农药直接涂抹在植物幼嫩部位或将树干刮去老皮露出韧皮后涂药。防治对象：茎干病害、刺吸式口器害虫。

⑨ 注射法：用注射机或注射器将内吸性药剂注入树干内部，使其在树体内传导运输而杀灭病虫害。一般将药剂稀释2～3倍，可用于防治天牛、木蠹蛾等。

⑩ 打孔法：用木钻等利器在树干基部向下钻1个与水平成45°的孔，深约5cm，将原药稀释2～5倍后注入孔内，再用黄泥封口。此法可防治高大树上的害虫。

5）农药配制的稀释方法

① 按倍数法计算：是指药液（药粉）中稀释剂（水或填充剂）的用量为原药剂的多少倍，或是药剂稀释多少倍的表示方法，在生产上广泛应用。生产上常用内比法、外比法。

内比法：稀释100倍以下（含100倍）时用内比法，即稀释时要扣除原药剂所占的1份。如将某杀虫剂稀释10倍，则取该杀虫剂1份，兑水9份。

外比法：稀释100倍以上时用此方法，即稀释时不要扣除原药剂所占的1份。如将某杀虫剂稀释1000倍时，直接取该杀虫剂1份，兑水1000份即可。

② 按有效成分计算。通用公式：原药剂浓度 × 原药剂质量 = 稀释药剂浓度 × 稀释药剂质量。

a.求稀释剂质量：

计算100倍以下时：

例：用40%福美砷可湿性粉剂10kg，配成2%稀释液，需加水多少？

计算过程：10×（40%-2%）÷2%=190（kg）。

计算100倍以上时：

例：用100mL 80%敌敌畏乳油稀释成0.05%浓度，需加水多少？

计算过程：100×80%÷0.05%=160（kg）。

b. 求用药量：

例：要配制0.5%氧乐果药液1000mL，求40%氧乐果乳油用量。

计算过程：1000×0.5%÷40%=12.5（mL）。

③ 根据稀释倍数的计算法。此法不考虑药剂的有效成分含量。

a. 计算100倍以下时：稀释药剂重=原药剂质量×稀释倍数-原药剂质量。

例：用40%氧乐果乳油10mL加水稀释成50倍药液，求稀释液质量。

计算过程：10×50-10=490（mL）。

b. 计算100倍以上时：稀释药剂重=原药剂质量×稀释倍数。

例：用80%敌敌畏乳油10mL加水稀释成1500倍药液，求稀释液质量。

计算过程：10×1500=15（kg）。

5.1.4 主要园林植物常见病虫害的识别与防治

（1）主要园林植物常见病害的识别与防治技术

1）园林植物叶、花、果部病害

该类病害主要有白粉病类、锈病类、叶斑病类、花木煤污病类等。

① 白粉病类。

白粉病主要种类包括紫薇白粉病、月季白粉病（图5-9）、草坪草白粉病等。

识别要点：由白粉菌引起。白粉病的病症常先于病状。病状最初不明显。病症初为近圆形白粉状斑，扩展后病斑可联结成片。一般秋季时白粉层上出现许多由白而黄、最后变黑的小点粒，即闭囊壳。少数白粉病晚夏即可形成闭囊壳。

防治技术：主要采取消灭初侵染来源和化学防治相结合的方法进行防治。

a. 园林植物栽培养护预防：选栽抗病品种，温室栽培要通风透光，合理浇灌，科学施肥，适当增施磷、钾肥，提高植株抗病性。

b. 消灭侵染来源：及时清除病落叶和摘除病叶、病梢等，深埋并进行翻土和在植株下盖无菌土，可减少初侵染来源。

c. 药剂防治：发病初期及时喷药控制。可喷洒25%粉锈宁1500倍液、12.5%烯唑醇2000～3000倍液、70%甲基硫菌灵800倍液，交替喷雾防治。秋初发病严重时，每隔7～14天，用上述三种药剂或10%世高1000～1500倍液、4%农抗120水剂600倍液等进行交替喷洒治疗。冬季休眠期对病菌在芽内、枝、果上越冬的落叶树木、花木等，可在发芽前喷3～5°Bé石硫合剂。

② 锈病类。

锈病主要种类包括玫瑰锈病、梨锈病（图5-10）、菊花白色锈病、草坪草锈病、毛白杨锈病等。

图 5-9 月季白粉病

图 5-10 梨锈病

识别要点：由锈菌引起。锈病的病症先于病状。病状常不明显，黄粉状锈斑是该病的典型病症。叶片上的锈斑较小，近圆形，有时呈泡状斑，有的出现毛管状物。

防治技术：

a. 园林植物栽培养护预防：在园林植物设计及定植时，避免海棠、梨、苹果等与桧柏混栽，并加强栽培管理，提高抗病性。

b. 消灭侵染来源：结合园圃清理及修剪，及时将病枝芽、病叶等集中烧毁，以减少病原。

c. 药剂防治：3～4 月在桧柏上喷洒 1∶2∶100 的石灰倍量式波尔多液，抑制冬孢子堆遇雨膨裂产生担孢子；发病初期可在海棠、梨树上喷洒 15% 粉锈宁可湿性粉剂 1000～1500 倍液，每 10 天喷 1 次，连喷 3～4 次；或用 12.5% 烯唑醇可湿性粉剂 3000～6000 倍液、10% 世高水分散粒剂稀释 6000～8000 倍液、40% 福星乳油 8000～10000 倍液喷雾防治。

③ 叶斑病类。

叶斑病主要种类：a. 月季黑斑病（图 5-11）；b. 杜鹃角斑病；c. 大叶黄杨褐斑病；d. 香石竹叶斑病；e. 菊花褐斑病；f. 桂花叶枯病；g. 兰花炭疽病；h. 君子兰炭疽病；i. 荷花黑斑病；j. 草坪草褐斑病等。

识别要点：叶片局部组织坏死，产生各种颜色、形状的病斑，有的病斑可因组织脱落形成穿孔，病斑上常出现各种颜色的霉层或子实体。

防治技术：

a. 培养和选用抗病品种：培养健壮植株是预防叶斑病的根本措施；

b. 加强栽植管理：可进行轮作（温室内可换土）或土壤消毒，适当增施有机肥，增强植株长势，提高抗病力；

c. 消灭侵染来源：及时清除病叶、病残体，集中烧毁，减少病原；

d. 改进浇水方法，有条件者可采用滴灌，尽量避免对植株直接喷浇，保持通风透光；

e. 药剂防治：在发病初期及时用药。药剂可选用 50% 多菌灵可湿性粉剂 600～800 倍液、65% 代森锌可湿性粉剂 600～800 倍液、70% 代森锰锌可湿性粉剂 600 倍液、50% 克菌丹可湿性粉剂 500～600 倍液、40% 甲基托布津可湿性粉剂 1000 倍液等。隔 10～15 天喷 1 次，连续 3～5 次，注意药剂要交替使用。

④ 花木煤污病类。

花木煤污病主要种类：a. 椤木石楠煤污病（图 5-12）；b. 山茶煤污病；c. 菊花煤污病；d. 小叶女贞煤污病等。

图 5-11 月季黑斑病

图 5-12 椤木石楠煤污病

识别要点：有病叶片被黑色煤状物所覆盖。煤污病与蚜虫等昆虫的为害关系密切，与寄主自身的分泌物也有关系，黑色煤状物影响了寄主的光合作用，降低了植物的观赏性。

防治方法：a. 喷洒杀虫剂防治蚜虫、介壳虫等害虫，减少其排泄物或蜜露，从而达到防病的目的；b. 在植物休眠季节喷洒 3～5°Bé 的石硫合剂，杀死越冬的菌源，从而减轻病害的发生；c. 对寄主植物进行适度修剪，温室要通风透光良好，以便降低湿度，减少病害的发生。

2）园林植物枝干病害

① 主要种类：枝干腐烂病、溃疡病、枝枯病、丛枝病、松材线虫病等。

② 识别要点（以樟树溃疡病为例，图 5-13）：受害主干初为圆形小黑斑，湿度大，黑斑边缘水渍状，低湿时黑斑边缘为枣红色，后扩展成大型黑色梭斑，再变为茶褐色到灰白色，病斑凹陷成典型梭形溃疡斑，或使整个树干或半边树干变黑，后期病斑上有黑褐色或黑色小粒点。

③ 防治技术（以枝干溃疡、腐烂病类为例）：a. 加强栽培管理。促进园林植物健康生长，增强树势，是防治茎干腐烂、溃疡病的重要途径。b. 清除侵染来源。及时清除病枝、病株或残桩，结合修剪，剪去枯枝或生长衰弱的植株及枝条，刮除病斑或在病斑上打孔或用刀划破，然后涂干腐治，连续涂 2～3 次，以减少侵染来源，减小病害发生。c. 药剂防治。涂抹用的杀菌剂可选用 50% 多菌灵 100 倍液、40% 福美砷 50 倍液、70% 甲基硫菌灵可湿性粉剂 30 倍液等。d. 树干涂白。冬前和早春树干涂白可防止冬季冻害和早春日灼，减少冻裂伤口和日灼伤口，起到预防溃疡病、腐烂病的作用。

3）园林植物根部病害

① 主要种类：猝倒病、白绢病、根结线虫病、根癌病、根腐病等。

② 识别要点（以兰花白绢病为例，图 5-14）：发病初期，病斑皮层软腐凹陷，随后出现白色绢丝状物。腐烂病斑绕茎一周时，即可使全株枯死。发病后期在根部皮层腐烂处形成许多油菜籽大小的菌核，初期为白色，后期呈褐色或茶褐色，表面光滑。

图 5-13　樟树溃疡病　　　　图 5-14　兰花白绢病

③ 防治技术（以白绢病为例）。

a. 加强栽培管理：栽植不宜过密，以利通风；适当施用氮肥，增施磷、钾肥，提高植物抗病能力；将病菌菌核深翻至土层 15cm 以下，可以抑制其萌发，并加速其死亡。对发病重的植物，可与禾本科植物轮作，轮作期一般 4 年以上。

b. 清除侵染来源：及时拔除和销毁病株。已发病的土壤，栽植前用消石灰或硫黄粉消毒。

c. 药剂防治：发病初期向茎基部淋喷或浇灌杀菌剂进行防治。可选用 70% 五氯硝基苯 600～800 倍液与 70% 甲基硫菌灵 800～1000 倍液（或 50% 多效灵 800 倍液）混合浇灌茎基部，也可选用 25% 敌力脱乳油 1000～1500 倍液、50% 福美双 500～800 倍液、50% 克菌丹 400～500 倍液、50% 多菌灵 800 倍液、20% 菱绣灵乳油 500 倍液等药剂，单独或混合浇根。

d. 生物防治：可将哈茨木霉（*Trichoderma harzianum* Rifai）或绿色木霉菌（*Trichoderma viride*）、绿粘帚霉（*Gliocladium virens*）制剂混入土中，然后再栽种植物。

（2）主要园林植物常见虫害的识别与防治技术

1）食叶害虫

① 主要种类：园林植物食叶害虫主要包括鳞翅目的蓑蛾、刺蛾、斑蛾、尺蛾、枯叶蛾、舟蛾、灯蛾、夜蛾、毒蛾及蝶类；鞘翅目的叶甲与金龟子；膜翅目的叶蜂。

具体包括黄刺蛾、绿刺蛾、扁刺蛾、大蓑蛾、小蓑蛾、白囊蓑蛾、大叶黄杨尺蠖、斜纹夜蛾、银纹夜蛾、小地老虎、柑橘黄凤蝶、曲纹紫灰蝶、柳蓝叶甲、黑胸叶甲、蔷薇叶蜂、樟叶蜂、樟叶瘤丛螟、黄环绢须野螟等。

② 防治技术。对于园林植物食叶害虫的防治，目前主要采用化学防治，常用药剂为溴氰菊酯等拟除虫菊酯类杀虫剂、阿维菌素、BT 制剂。常用方法为加水稀释喷雾。

2）吸汁害虫

① 主要种类：半翅目、同翅目、缨翅目、螨类，具体包括网蝽、介壳虫、蚜虫、粉虱、木虱、叶蝉、蓟马、叶螨等。

② 防治技术。当虫口密度大时，可喷施40%氧乐果、50%抗蚜威、10%吡虫啉、20%杀灭菊酯、20%速灭杀丁、2.5%溴氰菊酯乳油1500～2000倍液。灌根可用300～500倍液。涂茎可用40%氧乐果、50%灭蚜松乳油50～100倍液。盆施可用3%呋喃丹颗粒剂3～5g/盆。注意保护天敌昆虫。

对于蚜虫，可采用黄板诱蚜、银灰地膜覆盖驱蚜等物理机械方法防治。

3）枝干害虫

① 主要种类：鞘翅目的天牛。其主要包括星天牛、光肩星天牛、桑天牛、桃红颈天牛、双斑锦天牛等。

② 防治技术。

a. 适地适树，采取以预防为主的综合治理措施。对在天牛为害发生严重的绿化地，应针对天牛取食的树木种类，避免其严重为害；加强管理，增强树势；除古树名木外，伐除受害严重虫源树，合理修剪，及时清除园内枯立木、风折木等。

b. 人工防治。一是利用成虫羽化后在树冠活动（补充营养、交尾和产卵）的一段时间，人工捕杀成虫。二是寻找产卵刻槽，可用锤击、手剥等方法消灭其中的卵。三是用铁丝钩杀幼虫，特别是当年新孵化后不久的小幼虫，此法更易操作。

c. 饵木诱杀。对公园及其它风景区古树名木上的天牛，可采用饵木诱杀，并及时修补树洞，干基涂白等，以减少虫口密度，保证其观赏价值。如在泰山岱庙内，用侧柏木段作饵木，诱杀古柏上的双条杉天牛，每米段可诱到百余只。

d. 保护利用天敌。例如人工招引啄木鸟，利用天牛肿腿蜂、啮小蜂等。

e. 药剂防治。在幼虫为害期，先用镊子或嫁接刀将有新鲜虫粪排出的排粪孔清理干净，然后塞入磷化铝片剂或磷化锌毒签，并用黏泥堵死其它排粪孔，或用注射器注射80%敌敌畏、50%杀螟松50倍液，还可以采用新型高压注射器，向树干内注射果树宝。在成虫羽化前喷2.5%溴氰菊酯触破式微胶囊。

4）地下害虫

① 主要种类：地老虎、蛴螬、蝼蛄、白蚁等，重点对象是黑翅土白蚁、黄翅大白蚁。

② 防治技术（以白蚁的防治为例）。

a. 人工防治：于3～4月结合蚁路、地形等特征寻挖巢，5～6月寻找分群孔挖除蚁巢。

b. 食饵诱杀：在白蚁虫害发生之时，于被害处附近，挖1m×1m（长×宽），0.5～0.75m深的土坑，坑内放置桉树皮、松木片、松枝、稻草等白蚁所喜食物作诱饵，上洒稀薄的红糖水或米汤，上面再覆一层草。过一段时间检查，如发现有白蚁来取食，在坑内喷洒灭蚁灵，使白蚁带药回巢达到灭除虫害的效果。

c. 灯光诱杀：在白蚁群飞季节，用黑光灯诱杀。

d. 磷化铝熏蒸：找到蚁道后，将孔口稍加扩大，然后取一节一端有节的竹筒，其中装磷化铝片剂6～10片，从开口一端压向孔道口，迅速用泥封住，以防磷化氢气体逸出。

e. 土壤处理：播种前，每亩地用90%敌百虫原药0.1～0.15kg拌入细土25kg，撒于土表,随即翻入土中,耙匀后播种,可以防治白蚁、蝼蛄及蛴螬等虫害。

5.1.5 园林植物病虫害防治的时期

园林植物病虫害防治的时期分为植物生长期(春季或夏季)的防治和休眠期(冬季)的防治,依园林植物的种类、园林植物病虫害的种类而异。

生长期的防治:由于大部分病虫害的发生都是在植物的生长期,因此,大部分病虫害的防治时期都是在植物的生长期。

休眠期的防治:一是对于介壳虫、叶螨等一般药剂防治困难的害虫及在枝干上越冬的病原菌,在植物休眠期采用石硫合剂、柴油乳剂等强腐蚀性药剂,可避免药剂对园林植物的药害;二是对于在枯枝落叶中越冬的病虫害,在植物休眠期清理枯枝落叶,可消灭越冬虫口(或病菌),减少来年发生的病虫基数。

防治时期的注意事项:

① 某种(类)农药如果在植物生长期用药会对植物造成药害的,应选择在植物休眠期用药。例如用石硫合剂、柴油乳剂来防治介壳虫、叶螨等,在生长期用药易对植物造成药害,应选择休眠期用药。

② 某类虫害在植物体上越冬的,可在植物休眠期结合修剪等日常养护措施进行防治。例如,黄刺蛾、大蓑蛾、茶蓑蛾、白囊蓑蛾等在植物枝条(树干)上越冬,可在冬季剪除越冬虫茧或护囊。

5.2 园林植物病虫害防治实例

(1) 土壤处理

栽植树木前,对栽植穴及栽植土壤进行消毒处理,可采用多菌灵配置液进行喷洒,防治多种真菌病害,对子囊菌和半知菌引起的病害防治效果较好,为根系健康生长提供良好土壤环境,如图5-15。

(2) 树根土球处理

树木种植前,对根部土球喷洒多菌灵进行消毒,预防伤口处因真菌感染而导致的根部腐烂(图5-16)。同时在根部新鲜处还需喷洒根护康等生根剂,促进根部快速生根。

(3) 树枝伤口处理

对于相对较大的树枝修剪伤口,应及时涂刷"快活林"愈伤膏(图5-17),以保护伤口和促进伤口愈合,防止雨水浸入而招来病菌寄生,以及防止其他原因伤口感染。

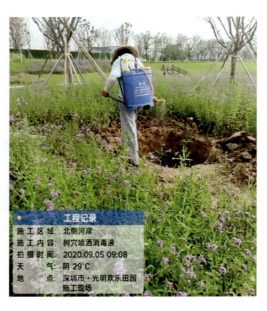

图 5-15 土壤处理

图 5-16　树根土球处理

图 5-17　树枝伤口处理

（4）树木除蚂蚁

蚂蚁对植物的危害主要是会咬植物的根系，其打洞的时候还可能会将植物的根系暴露在空气中，从而容易使根系缺少，出现生长不良现象。此外，还会传播虫害，阻碍植物生长。因此要进行树木除蚂蚁（图 5-18）。

（5）打除草剂

绿化种植前，将除草剂均匀地喷洒到土壤上形在一定厚度的药层（图 5-19），使杂草种子的幼芽、幼苗及其根系接触吸收除草剂而起到杀草作用。常用的除草剂如西玛津、扑草净、氟乐灵等。

图 5-18　树木除蚂蚁

图 5-19　打除草剂

（6）草坪病虫害防治

草坪常见的病虫害有叶枯病、青霉病、霜霉病以及蝗虫、金龟子等，这些病虫害对于植物的种植和成长会造成一定的影响，需要进行有效的预防。我国病虫害的发生大概在每年的 5 月之后，病虫害的类型有很多，需要根据不同的类型和发生的时间进行有效预防。最好在 4 月底和 5 月初进行全面的杀菌处理，可以使用多菌灵等药物，最晚不能超过 5 月下旬。草坪病虫害防治如图 5-20。

（7）乔木病虫害防治

在病虫害防治上可以结合日常的工作经验，观察不同病虫害易发生的季节，预先在乔木树干上喷洒药剂（图 5-21）或涂刷石灰，也可以采用生物治理措施，调制药剂控制生病乔木病情，并利用化学药剂及时消灭病虫害。

图 5-20　草坪病虫害防治　　　　　　　　图 5-21　乔木病虫害防治

模块 6
园林机具使用与维护技术

6.1 园林机具使用与维护技术概述

随着园林绿化事业的发展，园林绿化的生产与养护管理工作逐渐由单一的人工作业向半机械化、机械化、自动化过渡，现代的园林机械设备已被广泛应用到生产实践中。园林机具设备不仅能直接保护和提高绿化美化成果，充分发挥绿化美化功能，而且对促进生产、改善生态环境、美化市容等都具有重要的作用。

现代城市绿化管理中常用的园林手工工具有花剪、枝剪、手锯、芽接刀、喷雾器等；常用的园林机械设备主要有草坪修剪车、草坪修剪机、绿篱机、洒水车、修边机、打孔机、割灌机等。这些园林机具大都属于中、小型设备，主要依靠进口，具有数量多、使用频率高、更新周期快等特点。如何能使机械化与科学管理相结合，更好地利用资金，节约能源成为当今园林工作者所关注的一个重要问题。

6.1.1 园林手工工具的选择与保养

（1）根据使用者选用

手工工具的选择首先要看使用者。使用者是专业群体或个人，一般应选择坚固、耐用、功能比较全面的通用工具；而家庭、业余园艺爱好者，对一些工作量不大，仅是针对小环境绿化的维护，应选用美观、小巧、强度一般的家用型工具。

（2）根据作业内容选用

应根据作业内容选择专用型工具，如绿篱修剪，选用不同规格的绿篱剪（平板剪），可使修剪效率高，修剪效果好；欲完成较高部位的修剪，一般选择长把剪、高枝剪，即可免去登高作业的危险，又可较方便地观察整个树冠，从而更好地把握各部位的修剪程度。

（3）保养

手工工具的保养，与保持工具良好的使用性能、延长其使用寿命关系密切。

1）打磨

打磨工具非常重要。园林绿化手工工具，多数用于砍、劈、截、削等作业。多数手工工具都有刃，少数具有齿，打磨的作用就是使刃或齿更加锋利，使用起来更加省力和快捷。常用的打磨工具有油石、钢锉、砂轮等，还需配备扳手、老虎钳等辅助工具。

2）防锈

手工工具的工作部件多为金属材料制成，很容易生锈，轻者影响使用，重者可能失去使用价值，所以在使用后应及时擦洗干净，并用防锈油保护。

3）保管

存放环境应干燥、清洁。各种工具应归类存放，以便清点和存取。非专人使用的工具，应建立工具使用卡，完善使用登记制度，及时维修已损坏的工具，保证工具的完好率，提高工具的使用效率。

（4）部分园林机具的维修保养

1）花剪、枝剪

将花剪、枝剪拆卸开，将刃部用磨刀石打磨锋利并抹油防锈，紧固螺钉及各转动部位，用润滑油保养。

2）手锯、绿篱修剪机、草坪修剪机

将其拆卸开，用锉将锯条（盘）的锯齿锉锋利。手锯每次打磨应同时矫正锯齿的"开锋"，以保证使用时不"咬锯"。各类机动修剪机的锯条或锯盘应确认安装牢固后才能投入使用，以防事故。

3）刀类

应配齐必备的刀具，并使之处于随时可用的状态，关键是要将刃部打磨锋利。打磨时注意刀面与磨石的角度，防止刀面与磨石之间的角度过大，而使刃部"倒口"。

4）喷雾器

每次使用前（尤其是喷施毒性较大的药物）都必须先装清水检查喷雾器是否完好。每次使用后用清水冲洗干净，防止残留物腐蚀容器、喷杆、喷头等部件。

6.1.2 园林机械的使用

园林机械可正常使用是保证机械高效、优质、低耗、安全生产的关键。为保证正常使用，应注意以下几个问题。

（1）人员培训

人员培训是指对机械操作使用者进行培训。通过培训，使用者应熟悉机械的性能、参数、结构、基本工作原理、调整和维修保养等机械本身的知识，同时还应熟悉使用该机械进行作业的内容、适用范围及安全使用知识。

（2）规章制度

规章制度是机械管理者依据机械性能、原理及作业特点，为安全、正确、顺利使用机械进行作业而制定的管理依据。规章制度既是对使用者的约束，也是规范管理行为的准则。

（3）班前准备及作业

班前准备是指正常作业前，应对以下各项内容进行准备。

1）人员准备

操作人员应认真阅读使用说明书，熟悉机械的结构及操作、控制机构。不允许儿童及未经培训的人员操作使用。操作人员需按作业内容穿戴合适的劳动防护服装，不佩戴影响安全的饰物，不披散长发。操作人员作业前不得饮酒，身体健康条件符合工作的需要。

2）机械准备

检查机械各个部件螺钉有无松动，对工作部件应进行特殊检查。检查机械各传动及旋转工作装置等的防护罩或防护板是否完整、坚固、有效。检查机油油位，如低于刻度线，应注入机油，加至满刻度线为止，切勿过量。检查燃油箱油量是否足够使用，作业前应将燃油箱加满油料，加油时严禁在油箱附近吸烟。清点并携带随机工具、易损件及附件，备足燃料。

3）勘查作业区域

操作前应仔细勘查作业区域，清除地面障碍物，如砖头、石块、建筑垃圾。熟悉作业区地形，特别是斜坡、坑洼等特殊地形。若是高空作业，应对作业区域上方的电线、广告牌多加注意，以防意外。

4）正常作业

在做好上述班前准备工作后，才能开始正常作业。为保证作业顺利进行，作业中应密切注意下列问题。

① 机械状况。作业过程中，随时观察机械是否出现异常响声、震动或气味，仪表盘显示是否正常。若出现异常现象，应立即停机，检查原因，有效处理后才能继续作业。

② 作业质量。作业过程中，随时目测检查作业质量，并定时停机检查。作业质量往往最能反映工作部位的状态，如从割茬整齐度可以判断刀片是否锋利。若需检查旋转或运动部件，务必先停机、后检查，以保证安全。

③ 停机加油。作业过程中添加燃油，一定要先停机、后加油。加油完毕，擦干洒在油箱外表的燃油。绝不可在添加燃油时抽烟或让明火靠近。

④ 更换部件。在作业中更换部件或零配件，应在停机一段时间后进行，防止因惯性而继续旋转或运动的部件碰伤人体。然后按照说明书规定的程序拆卸原工作部件，换装新的工作部件。

（4）班后保养

班后保养是指完成了当天的作业任务后，尚需完成下列各项保养任务。

1）擦拭

将机器的外表擦拭干净，能够清楚看出机器各部位，确定有无损坏和碰伤；对切削部件应清除塞在上面的土、草等杂物，并擦拭干净。

2）检查

检查各部件状态，有无松动、损坏和碰伤，并认真检查切削部件（刀片、锯、链等）有无裂缝、刃部是否磨钝或损坏。

3）紧固和更换

对检查出的问题应逐一解决：紧固松动的螺钉，对能及时修复的零部件应立即修复，对不能在班后修复的零部件应及时更换；对切削部件应及时打磨，恢复其锋利程度。

4）加润滑油

按说明书要求，对运动配合部位、轴承等润滑点加润滑油。

5）次日作业准备

如果知道次日的作业内容，应按次日的内容换装新的工作部件及随机所带物品。

完成上述工作后，应填写工作日志，记录当日所完成的工作、遇到的问题及解决的办法，并详细记录作业中出现的故障及排除方法。还应记录当日油量、易损件等的消耗情况及完成的工作内容和任务量，以便进行经济核算。

6.1.3 园林机械设备的管理

1）合理配备园林机械设备

园林景观由复杂的地形、地貌、植物、建筑等组成，根据不同的条件需要各种各样的园林机械设备。为了提高生产效率，就要结合各个生产要求合理配备园林机械设备种类，充分发挥设备的技术性能。随着园林绿化生产的发展，城市绿化数量、品种不断增加，必须及时调整设备之间的比例关系，使之与生产计划任务相适应。

机械设备的改造针对性强，适应性好，可以延长其使用寿命，提高生产率，节约投资，但设备改造要充分考虑技术的可能性和经济的合理性。在可能的情况下，应该提倡对机械设备进行必要的改造，企业要为机械设备的改造创造条件。

2）完善制度化管理，充分发挥职工积极性

园林机械设备管理也要实行制度化管理。针对园林机械设备情况和各个岗位状况，正确制定劳动指标和奖惩制度配套的岗位责任制，严格执行园林机械设备安全操作规程，建立健全各项规章制度。

3）加强职业技能培训

职业技能是衡量一个园林工人技术水平的重要标志。随着国民经济和人民物质文化水平的提高，园林绿化美化已成为城市文明的重要标志，因此对园林工人的技术要求也越来越高，面对员工的技能培训变得十分重要。

① 恰当地安排生产任务与负荷。

绿化生产管理中，要根据生产经营的需要和机械设备性能，组织好年、季生产计划，恰当地安排任务与负荷，要避免"大机小用""精机粗用"以及超负荷、超生产范围的现象，这样才不至于造成机械设备效率的浪费或加速机械设备损坏。

② 园林机械设备的分类管理。

其实就机械设备性能而言，如同人的性格一样，也有先天与后天之分。若想充分地使用，提高生产率，必须熟悉机械设备性能及使用情况，根据这些情况对机械设备进行分类，划分等级，区别对待，对重点机械设备加强管理。

③ 全员维修制。

全员维修制的内容包括全效率、全系统。全效率是指机械设备的综合效率，即机械设备的总费用与总所得之比。全效率是在可能少的寿命周期内得到质量好、成本低、安全好、人机配合好的结合效果。全系统是指对设备从规划、设计、制造、使用、维修及保养直到报废进行管理。全员维修制是管理的最佳方式。

总而言之，园林机械设备的选用与管理是一项科学性与技术性相结合的工作。花草树林是有生命的物质，要合理配置、巧妙布局、精心管理，使其发挥综合性功能，就必须以园林机械设备的操作规范技术为指导,创造具有特色的园林艺术风格。

6.1.4 割草机的使用和维护

割草机(lawn mower)又称除草机、剪草机、草坪修剪机等(图6-1、图6-2)。割草机是一种用于修剪草坪、植被等的机械工具,由刀盘、发动机、行走轮、行走机构、刀片、扶手、控制部分组成。刀盘装在行走轮上,刀盘上装有发动机,发动机的输出轴上装有刀片,刀片随着发动机的高速旋转而旋转,减少了除草工人的作业时间,节省了大量的人力资源。

图6-1 割草机(一)

图6-2 割草机(二)

(1)割草机操作注意事项

1)操作前注意事项

① 穿着长袖上衣及长裤,禁止穿着宽松衣物,戴安全帽、护目镜,最好戴上耳罩避免噪声,穿质地不易滑的鞋,禁止穿拖鞋或光脚使用机器。

② 不要在酷热或严寒的气候下长时间操作,要有适当的休息时间。

③ 不允许醉酒、生病的成人,以及小孩和不熟悉割草机正确操作方法的人操作割草机。

④ 在引擎停止运转并冷却后再加油。

⑤ 加油时避免油过满溢出,若溢出须擦拭干净。

⑥ 机械最少远离物体1m才可以启动。

⑦ 必须在通风良好的户外使用该机械。

⑧ 每次使用前必须检查刀片是否锋利或磨损,离合器螺钉是否锁紧。

⑨ 由于有的机械工作声音较大,应避免在休息时间使用,以免影响附近人员休息。

⑩ 检查油箱有否破洞漏油。

⑪ 必须更换成锋利刀片,不使用异常刀片。

⑫ 确保他人不在危险区域内方可发动引擎。

⑬ 发动引擎时须抓紧操作杆以免因震动而失去控制。

⑭ 发动前须确认刀片远离地面,没有与其他物品接触。

⑮ 一定要用原厂制造商提供的零配件，特别是刀片。

⑯ 检查油箱盖是否锁紧。

2）操作中注意事项

① 如机械于操作中异常震动必须立即停止引擎，暂停使用。

② 必须以双手操作机械，禁止单手作业。

③ 引擎消声器一侧需朝外以免烫伤。

④ 使用时要注意调好油，除草机是烧混合油的，否则会对电机有损伤。使用结束后，长期不用时尽量把油倒出。

3）操作后注意事项

① 使用后将刀片包好，以免不小心伤到别人或自己。

② 如几天不用需要将油箱净空以免因漏油而起火。

③ 确定刀片完全停止再进行清洁、维修、检查工作。

④ 拆除火花塞电线以免意外走火。

⑤ 待引擎完全冷却后再贮存。

⑥ 将机械存放在凉爽干燥之处并禁止儿童接触。

⑦ 每25h或3天半给齿轮箱补充润滑油，内外管加润滑油。

⑧ 每50h或8天清洁空气滤清器及火花塞。

⑨ 每100h或15天清洁消声器及轮鼓。

⑩ 长时间不用时要在刀片上涂抹黄油，以免刀片生锈。

⑪ 使用后应将刀片放置于儿童伸手够不着的地方。

（2）割草机实用规范操作

1）作业前准备工作

割草机下地作业前，必须进行一系列检查和准备工作。将机器停止在水平位置上，首先检查燃油箱和冷却水箱，打开水箱盖，按手册要求加入适量的冷却水，盖上水箱盖。打开油箱盖，加入符合要求的燃油，燃油不要加得太满，盖上并拧紧油箱盖。检查轮胎胎压是否正常，不足时要及时充气。检查割盘是否运转正常，割刀是否完好，各传动皮带应该没有裂纹，压带轮有效工作，否则要及时更换或调整。将变速箱离合手柄、切割器离合手柄都放到分开位置，挡位手柄放在空挡位置，切割器压带轮松开，放到行走位置，将油门手柄放到中间位置，用摇柄启动发动机，启动后，缓缓加大油门，将变速箱离合手柄推到结合位置，然后挂接低速前进挡，割草机就开始行走。

当割草机来到地头后，要停下机器，做进一步调整，机器的两个行走轮的轮距可以调整，检查一侧的轮胎是否通过一个插销连接在传动轴上的，传动轴上有三个连接插孔，轮胎连接不同的位置，则两轮距不同，在草地坡度比较大时，宽轮距能更好地适应地面。将切割器压带轮扳到工作位置，根据割茬高度要求，调整切割器，主要通过调整两个螺钉的位置来调整切割器的高度。拧紧刀盘上刀片的连接螺钉，拧紧防护罩上的连接螺钉。将两个离合器都放到分开位置，挂空挡，重新启动发动机，缓缓加大油门，慢慢连接切割器离合手柄，割盘开始运转起来，结合变速箱离合器，接着挂接低速前进挡，割草机就开始进地工作。

2）作业过程

小型割草机在作业时操作比较简单，其作业路径选择比较灵活，因为机器转弯半径小，没有行走死角。割草机的前进速度可根据地形、草的密度选择挡位。当地面不平整、牧草密度大时选择低速挡，反之则选择较高速的挡位。在作业过程中，两个离合张紧轮手柄一直处于结合位置。发动机高速运转时接合或分离张紧轮手柄，容易损坏机器，所以割草过程中操作员不需扳动这两个手柄，操作过程比较简单，驾驶员只需手扶把手，控制割草机的行走路线就可以了。

作业中，应随时认真观察作业前方的地势情况，若遇大坑、高丘，应减速、绕行，否则高速运转的切割刀会打起大量的尘土，对操作者和机器不利。有的机器只适合坡度在25°以下的坡地作业，坡度太大时，润滑油不能润滑到所有运动部件，长时间作业会损坏发动机。机器在作业时，应让无关人员远离割草机，避免切割器卷起的小石头伤害他人。

3）作业后的保护

首先，把割草机整体清洗干净；其次，检查一下所有的螺钉、机油油面、空滤器、刀片有无缺损等；最后，针对草坪割草机的使用年限，加强易损配件的检查或更换。周期性养护非常重要。

（3）割草机主要部分维护

1）维护化油器

每一次添加汽油时应有滤网过滤，且不能长时间放于油箱内，化油器清洗时应用化油器专用清洗剂，清洗周期视化油器脏的程度来定。若化油器出现故障，发动机不能发动或发动之后立即熄火，就应清洗。

2）定期更换机油

割草机使用正确牌号的机油对机器的作用是润滑、降温、清洗、加强活塞密封。

换机油的作用：随着空气中粉尘的进入和机器磨损的金属屑进入机油及机油受热、运动，其性能都会下降，如不及时更换机油，将会加速机器的磨损，甚至会造成抱瓦、拉缸、连杆断裂的事故。因此，必须按说明书规定定期更换机油，以保证机器的正常使用。

换机油的流程：更换机油应在热机刚停下时进行，拆下火花塞点火线，在刀盘下部机油底壳的放油孔放油，也可打开加机油口，将机器左倾放油（空滤一定要在上部）。把油放干净、复原、重新加上合适的机油于规定的刻度。

每次使用割草机之前，都要检查机油油面，看是否处于机油标尺上下刻度之间。割草机新机第一次运转5h后应更换机油，使用10h后应再更换一次机油，以后每使用30～50h更换一次机油。更换油品的标准：夏季用50W，冬季用5～30W。加注机油不能过多，否则将会出现黑烟大、动力不足（气缸积炭过多、火花塞间隙小）、发动机过热等现象。加注机油也不能过少，否则将会出现发动机齿轮噪声大，活塞环加速磨损和损坏，甚至出现拉缸等现象，造成发动机严重损坏。所以，要事先检查、检测。

注意：排放出的废机油应该保存好，不应该污染环境。

3）维护空气滤芯

空气滤芯（又称空气滤清器）是防止灰尘及杂物进入缸体，机器使用时空气中的灰尘会沉积在空气滤芯上，使进气量减少，燃烧混合比加大，造成燃烧不完全，功率下降，长时间这样工作会产生积炭，加剧缸体活塞间的磨损，积炭掉在缸体中会造成拉缸。应及时清扫、更换空气滤芯，以保证机器的正常运行。同时，还应经常清理机器缸体外壁，以保证其散热效果，否则也同样会加剧机器磨损。

割草机在冬季贮存超过30天以上时：

第一，放掉油箱里的燃油，并发动机器直到其因燃料耗尽而停机；

第二，在刚停机的热机状态下，先放掉曲轴箱中的机油，再按推荐的等级加注新的机油于合适的刻度；

第三，取下火花塞，向缸体滴入5～10mL机油，转动曲轴数圈，装上火花塞；

第四，清洗刀盘、机体、缸体、缸头散热片、导风罩、网罩及消声器周围的灰尘及碎屑；

第五，保存时应当水平置于地面，用布罩在割草机上防止灰尘落入。

4）维护发动机

① 发动机为二冲程发动机，使用燃油为汽油与机油混合油，混合油配比为二冲程专用机油：汽油=1：50。汽油采用90号以上，机油使用二冲程机油，符号为2T，一定要使用名牌机油，最好使用专用机油，严禁使用四冲程机油。建议新机在前30h按1：40配油，30h后按正常比例1：50配油，坚决不允许超过1：50，否则会造成机器拉缸。请严格按机器附带的配油壶配油，不能随意配油。混合油最好现配现用，严禁使用配好久置的混合油。

② 机器工作前，先低速运行几分钟再工作。机器工作时，油门正常用高速就可以了。每使用一箱油后，应休息10min，每次工作后清理机器的散热片，保证散热。

③ 火花塞每使用25h要取下来，用钢丝刷去电极上的尘污，调整电极间隙以0.6～0.7mm为好。

④ 空气滤清器每使用25h去除灰尘，工作环境灰尘大应更频繁。泡沫滤芯的清洁采用汽油或洗涤液和清水清洗，挤压凉干，然后浸透机油，挤去多余机油即可安装。如印有"DON NOT OIL"就不用加机油。

⑤ 机器每使用50h，应卸下消声器，清理排气口和消声器出口上的积炭。

⑥ 燃料滤清器（吸油头）每25h去掉杂质。

5）维护传动部分

每隔25h给减速箱（工作头）补充润滑脂，同时给传动轴上部与离合碟的结合处加注润滑脂。

（4）贮存

贮存时，必须清理机体，放掉混合燃料，把汽化器内的燃料烧净；拆下火花塞，向气缸内加入1～2mL二冲程机油，拉动启动器2～3次，装上火花塞。

（5）常见故障及修复

1）新机故障及修复

割草机启动后30min左右突然出现停机及热机不能启动的现象，经维修检测机械指标一切正常，多是燃油标号不对，换油后一切正常。购燃油时，应注意燃油标号，购买正确标号的燃油。

割草机使用一天后，出现无法启动，可能是没加汽油，加油后一切正常。使用单位应对机械操作人员进行培训，保证正确使用机器。

新购割草机使用时，启动只转动了一圈左右，机器就被卡死不能转动的。这可能是因为购机试机时，加好了机油，此割草机被倒置，机油流入缸体造成，若将机油从缸体中放出后，割草机就会正常使用。

割草机使用 3 天后，出现冒黑烟及功率不足现象的，原因可能是机油过多，机油的油位过高，机油从呼吸孔喷出将滤芯浸湿，造成进气不足引起的。应更换滤芯，控制好加机油量，则割草机运行正常。正确使用，正确保养，可使机器正常运行。

2）一般故障及修复

① 剧烈震动。

发生这种现象可能有以下几种原因。

a. 刀片发生弯曲或磨损不能达到动平衡；

b. 曲轴由于撞击而发生弯曲；

c. 联刀器损坏，导致刀片与曲轴相对转动，造成不平衡；

d. 发动机固定螺钉等松动；

e. 发动机底座损坏；

f. 刀片撞击较硬物体。

② 集草效果不佳。

a. 集草袋长期使用没有清理，造成不清洁、不透气导致集草不畅；

b. 排草口长期不清理，积草堵塞排草口，造成排草不畅；

c. 刀片磨损过度，刀翼起不到集草效果；

d. 发动机磨损，功率损耗过大，刀片旋转速度低导致集草效果不佳；

e. 集草地势不平坦，造成排草不畅。

③ 发动机不平稳。

可能的原因有：油门处于最大位置，风门处在打开状态；火花塞线松动；水和脏物进入燃油系统；空气滤清器太脏；化油器调整不当；发动机固定螺钉松动；发动机曲轴弯曲。排除方法：下调油门开关；按牢火花塞外线；清洗油箱，重新加入燃油；清洗空气滤清器或更换滤芯；重调化油器；熄火之后检查发动机固定螺钉；校正曲轴或更换新轴。

④ 发动机不能熄火。

可能的原因有：油门线在发动机上的安装位置适当；油门线断裂；油门活动不灵敏；熄火线不能接触。排除方法：重新安装油门线；更换新的油门线；向油门活动位置滴注少量机油；检查或更换熄火线。

⑤ 春季无法启动。

冬季过后如因保养不善使割草机在春季启动不了，其原因和对策有以下几点。

a. 可能是油箱内有上一年的油未放尽，故应检查燃油是否是合格的新鲜油。

b. 火花塞的作用是把高压导线（火嘴线）送来的脉冲高压电放电，击穿火花塞两电极间空气，产生电火花以此引燃气缸内的混合气体。很多怠速不稳、抖动、加速不良、动力不足，频繁出现怠速自行熄火现象，油、气消耗量增大。这是由于火花塞的损坏导致的。如火花塞脏污，可清洁，严重损坏，需更换同型号配件。如不能点火，可调节火花塞电极间隙，冬季为 0.6～0.9mm，其它季节为 0.9～1.0mm。

c. 如果是汽化器在上年停用前燃油未燃尽则应清洗汽化器（一定要请专业人士清洗）。

d. 送专业店维修。

⑥ 消声器冒蓝烟。

造成此故障是因为有机油参加燃烧。发现该故障后先检查机油尺，看机油是否过量。如过量，放掉多余机油后再运转 10min。如故障仍未排除，则需要对发动机进行检修。

⑦ 割草无力。

将空气滤清器取下清理，如无法清理则更换。检查刀片是否锋利，如果较钝则需要进行打磨或更换。另外，查看草坪是否叶长浓密，如果是，应将剪草尺寸提高，减轻发动机的负载。

⑧ 启动时拉绳有反弹。

点火时间提前是造成该故障的原因。通常是因为剪草时刀片打过硬物，导致飞轮键被剪切。此时应对故障机器进行检修。

⑨ 自走离合片易磨损。

滚刀割草机在使用过程中，由于操作者不按操作规范作业，常常以点击的方法来控制自走，从而加大了离合片的磨损，最终使自走离合失效，所以滚刀割草机在使用过程中，一定要一次性地把自走手柄调到位。

⑩ 草坪割草机排草不畅。

原因：发动机转速过低、积草堵住出草口、草地湿度过大、草太长太密、刀片不锋利。

割草机排草不畅排除方法：清除割草机内积草、若草坪有水待干后再割、分两次或三次割、每次只割除草长的 1/3、将刀片打磨锋利。

⑪ 过热损坏。

火花塞裙部干燥呈白色或浅灰色，严重时瓷管表面有局部疏松隆起。电极明显烧蚀，中心电极近端有一圈烧蚀，并有瘤状微粒粘着。可燃气过稀、火花塞热值偏低或漏气、点火过早或汽油机过热，都会引起过热烧损。

⑫ 积炭污损。

建议每年在第一次开始打草之前，聘请专业维修人员对每台割草机进行检修，做到未雨绸缪。检修的主要项目有：清洗化油器，清理燃烧室的积炭，检查高压线路是否畅通，齿轮箱是否正常工作，等等。

3）割草机的安全操作

安全性有三个方面：一是对机械本身的安全性，以防止机械发生意外故障或被损坏；二是对操作人员的安全性，以防止操作人员在作业中受伤害；三是对周围人群的安全性，以防止机械在作业时伤害他人。这三个方面都很重要，特别是对人的伤害问题比对机械及其它的伤害问题更为重要。BOLENS 等公司在草坪拖拉机上推出的各部件之间的电子互锁系统，使拖拉机各部件之间的工作更趋协调。发动机安全启动系统是这种电子互锁系统之一，假如割草机的切割装置没有处于脱开状态，或者变速箱操纵杆没有处在空挡位置，或者制动器没有制动，只要其中有一项成立，则发动机都是无法启动的，这就可以使操作者和他人避免很多意外的人身伤害事故。这些安全装置今后也必将在各种园林机械设备产品上应用得更加多样化、更加完善、更加有效。

割草机的发明为人们减少了工作时间，减轻了劳动力输出，使工作人员的劳动更有效率，工作人员不用再耗时耗力地劳作了。然而割草机工作时也产生一定的噪声，很多除草机声音很大，影响人们的正常生活。

选择割草机的第一步在于了解草坪的特征。草坪的面积将影响人们对发动机功率的选择，而草坪地形的特征则决定了割草机应具备的性能。

割草机应根据草坪大小、地形、障碍物情况及如何处理剪下来的草来选择。草坪面积超过 $2000m^2$，应选用自走型割草机，以减轻劳动强度，提高效率。地形起伏或略有坡度，亦可选用自走型割草机。草坪中有花床、灌木或绿篱时，应选用前轮是万向导轮的割草机。

选择割草机也要根据草坪的功能而定。高尔夫球场的果岭、发球台选用果岭机及发球台割草机；球道及运动场草坪，如足球场、橄榄球场等，最佳选择为滚刀式割草机，也可以选用旋刀式割草机；普通绿地、景观草坪等，选用旋刀式割草机；高尔夫球场斜坡选用悬浮式割草机；林间草坪或障碍物较多的草坪可选用割灌割草机（即背负式割草机）。

6.2　常用园林机械的使用案例

6.2.1　绿篱剪（大平剪）

绿篱剪的使用如图 6-3 所示。

① 绿篱剪适用于绿篱、树篱等的修剪，适合修剪嫩芽、嫩枝、徒长枝，也可用于修剪宿根，水生植物的花枝、根茎，观赏草等。不适合修剪乔灌木的粗壮枝干或其它坚硬材料。

② 修剪时力度要适中，既可以提高修剪效率，又可以节省体力。要避免使用蛮力，一方面容易损坏刀口，另一方面，还容易造成刀口咬合不严，或造成剪刀的其它损坏。不可强制作业。

③ 宽刃要靠近植株本体，窄刃要靠近除去的枝条，注意不要将刀片对着自己，也不要对着他人，避免意外伤害。

图 6-3　绿篱剪的使用

④ 使用平口修剪时，可以用来定高度，修剪出平整的形状，如长条形绿篱；使用弯口修剪时，主要用来修剪灌木球，使弧面、曲面顺滑自然。

6.2.2　园林手锯

园林手锯的使用如图 6-4 所示。

① 主要用于一些直径比较粗的、剪枝剪无法剪断的树枝锯断作业。

② 使用手锯锯割工件时，一定要保证工件固定牢固，防止折断锯条或锯缝歪斜。

③ 起锯角度要正确，姿势要自然。

④ 锯割工件时，可以加些机油，以减少摩擦和冷却锯条，从而延长锯条使用寿命。

⑤ 当快要锯断工件时，速度要慢，压力要轻，并用左手扶住将被锯断落下的部分。

⑥ 锯割时，注意力要集中，防止锯条折断，从锯弓中弹出伤人。

图 6-4　园林手锯的使用

6.2.3　割草机

割草机的使用如图 6-5 所示。

① 使用前清理场地，清除石块、树枝等各种杂物。

② 剪草机作业时，其它人员切勿靠近，特别是侧排时侧排口不可对人。调整机械和倒草时一定要停机。

③ 要根据草坪的要求确定剪草后的留茬高度，南方的暖季型草坪留茬一般为 3cm，北方的冷季型草坪留茬高度为 5cm。剪草时剪去的高度为草的原来高度的 1/3，剪草时只能沿斜坡横向修剪，而不能顺坡上下修剪。

④ 每次工作后，拔下火花塞，防止在清理刀盘、转动刀片时发动机自行启动。

6.2.4　微耕机

图 6-5　割草机的使用

微耕机的使用如图 6-6 所示。

其主要用于园林种植中翻耕、起垄、开沟等。

① 在使用之前需要检查油料是否充足，有无漏油现象。及时清洗空气滤清器上面的油污，保证其清洁。

② 在启动时需要将各个变速杆置于"空挡"的位置，并且前后左右不能有太多人员，以免造成伤害。

③ 在田间转移或者作业时要时刻注意，除操作人员以外的人员切勿靠近。

④ 在作业过程中，如果发现有异常声响要立即停机检查，排除故障后再进行工作。

⑤ 在更换农机或者清除缠草时一定要先熄灭微耕机后再进行操作。

⑥ 作业完成后，及时清理微耕机上的泥土、杂草、油污等，保证微耕机的干净整洁，以免微耕机发生锈蚀。

6.2.5　背负式手动喷雾器

背负式手动喷雾器的使用如图 6-7 所示。

① 作业人员应戴好口罩手套，着长衣长裤，完工后换衣裤，用肥皂洗手，以免中毒。若使用农药不慎，药液进入眼睛、沾染皮肤等应尽快用大量清水冲洗。

② 水位不超过水位线，以防药液外流，引发中毒。

③ 保持左手压力均匀，上下压动次数在 30 次 /min 左右，勿使压力过大损坏气压室。

图 6-6　微耕机的使用

④ 作业时，有风应站在上风处，并尽量在无风天气喷药。

⑤ 妥善保存与处理未用完的农药，以消除安全隐患。

⑥ 若喷头阻塞，不能用嘴吹喷头上杂物，以免农药中毒。

6.2.6　绿化洒水车

绿化洒水车如图 6-8 所示。

① 水源选择。应选择较为清洁的水源，避免吸入石块或较多的泥沙、杂物，堵塞过滤网。

② 停车挂挡洒水车无论是在吸水前，还是在洒水前，取力装置挂挡都必须在停车时进

图 6-7　背负式手动喷雾器的使用

图 6-8　绿化洒水车

行。挂挡过程中慢松离合器，以免有可能对取力器造成损伤。

③ 润滑与紧固。洒水车在使用过程中要定期润滑传动总成各润滑点，经常紧固连接点，以保证正常使用。

④ 定期排污。洒水车阀门处有滤网设置，应定期清洗，将滤网内淤积物清除，否则影响抽水。

6.2.7 电动绿篱机

电动绿篱机如图 6-9 所示。

① 使用前请务必认真阅读使用说明书，将机器的性能及使用注意事项弄清楚。

② 身体不适或者下雨、雷电等天气不能使用，以免有危险。

③ 使用前要做好个人防护措施。

④ 作业前要检查设备，确保安全作业。

⑤ 作业中，要与其它人保持一定安全距离。

图 6-9　电动绿篱机

6.2.8 电动高枝剪

电动高枝剪如图 6-10 所示。

① 修剪时先剪下口，后剪上口，以防夹锯。

② 切割时应先剪切下面的树枝，重的或大的树枝要分段切割。

③ 操作时右手紧握操作手柄，左手在把手上自然握住，手臂尽量伸直。机器与地面形成的角度不能超过 60°，但角度也不能太小，否则也不易操作。

图 6-10　电动高枝剪

模块 7
绿化养护期间的管理技术方案

7.1 项目概况

湖南省郴州市小埠·南岭生态城（图 7-1），主题定位为"慢活乐游、养生福地"，包含三大产业板块。第一大板块：以小埠—阳山古村为核心（包括绿心童乡亲子乐园、小埠花卉苗木基地、郴州市农业科学研究所果蔬基地在内）的休闲农业与乡村旅游板块。第二大板块：以 36 洞高尔夫球场及多种体育设施为主体的体育休闲板块。第三大板块：以五星级古堡酒店、远恒佳（郴州）公学、商业购物街、鹿岭养老公寓、小埠百福养老中心及康复医院等为配套的高尔夫国际生活社区。

图 7-1　湖南省郴州市小埠·南岭生态城实景鸟瞰图

由于小埠·南岭生态城集生态园林建设、旅游开发、生态体育休闲、生态农业、生态住宅于一体，是综合性、多元化的大型主题生态休闲度假目的地，所以项目景观养护涉及类型多、标准高、执行严格等多个要求。针对项目的复杂性，我们制定了南岭生态城绿化养护期间的管理技术方案。

7.2 养护档案管理制度、安全文明施工措施

7.2.1 养护档案建档、保管制度

档案是养护的第一手资料，也是制订养护计划，保证养护质量的基础，必须重视和抓好这一工作，为此，制定建档和保管制度如下。

① 养护工作进行的同时，在搞好绿化养护接收的基础上，妥善保管好移交的所有资料，交予档案室管理。

② 常年开展的养护计划、规划、养护措施、日常操作项目、巡查等内容均须认真填写，分类整理进档。

③ 遵守保密规定，不随意外借或转移档案资料；查看档案须经领导批准，方可借阅，借阅后及时归还。

④ 档案管理人员应及时收集养护资料，搞好档案的使用管理，做到分类装订成册、目录清晰、资料完好无损，不得有缺页、损毁页。

7.2.2 安全文明施工措施

（1）控制安全技术措施

① 正确处理安全与生产的统一、安全与质量的包含、安全与危险并存、安全与速度互保、安全与效益兼顾的五种关系。落实"安全第一，预防为主"的安全生产方针。

② 落实安全生产责任制。建立、健全各级各部门的安全生产责任制，责任落实到人。根据本工程特点，成立以项目经理为第一责任人的安全管理机构，并且明确责任，以专职安全员为具体执行人。

③ 落实安全教育制度。根据项目情况，制定专项安全教育制度。新进企业工人须进行三级安全教育后方可上岗。变换工种后，须进行新工种的安全技术教育，工人应掌握本工种操作技能，熟悉本工种安全技术操作规程。

④ 坚持事故处理"四不放过"的原则。当工程责任范围内发生重大安全事故时，立即通报业主及监理，并在24h内提供事故情况书面报告，对事故的处理按照"四不放过"的原则（a. 对发生的事故原因分析不清不放过；b. 对事故责任者和群众没受到教育不放过；c. 对没有落实防范措施不放过；d. 对事故责任人没受到处理不放过）进行。

⑤ 坚持安全检查制度。项目部每半个月进行一次全面安全检查，由质安科实施。养护队每周进行一次定期检查，由专职安全员实施。每个作业班结合上岗安全交底，每天进行上岗检查，由作业班长实施。

⑥ 项目现场设施布置有序，材料、设备堆放整齐，水、电设施管理规范。

⑦ 项目现场用电线路，必须符合安全规定，接地接零必须安全可靠。操作人员必须具有上岗证。非电工人员不准擅自拉线接电，作业完后应及时切断电源和上锁，照明用电和机械用电线路分开。

（2）安全用电措施

① 施工现场配发电机、电气设备、大型照明灯等的金属外壳应按要求做好保护接地，对独立的建筑物要做好避雷装置，设备由专人负责使用，定期检查绝缘电阻，及时维修。

② 照明用电为 36V 安全电压，现场照明用二相电缆线，用绝缘子固定。

③ 施工用电由专职人员负责，定期检查漏电开关灵敏度及性能。

④ 对电气设备操作人员进行专职培训，合格后上岗。

（3）消防管理措施

① 经常检查消防设施，保持完好的备用状态。

② 施工现场对易燃、易爆器材，应设置灭火器及消防箱。

③ 由安全领导小组轮流值班，发现问题及时解决，明确责任区、责任人。

④ 严禁操作现场吸烟。

（4）消防安全措施

① 项目建立防火责任制，职责明确，按规定设专职防火干部和专职消防员，建立防火档案并正确填写。

② 加强项目消防安全教育，现场成立以项目经理为首的防火领导小组。配备兼职消防人员，负责日常消防监督和检查工作。

③ 用电导线符合设计要求，线路接头要裹接牢固，用绝缘布包好。导线穿入模板或木结构要用瓷管保护，防止线路过载、接触不良引起火灾。

（5）安全管理网络

安全管理网络由项目经理牵头负责，由项目经理、技术负责人、财务负责人三者分管共抓。项目经理分管安全工程师和材料设备部，具体进行安全措施的制订落实，技术负责人分管技术质量部，从技术方案角度落实安全生产措施，财务负责人分管核算部，主要考虑安全生产措施的预结算和资金。

安全施工管理网络如图 7-2。

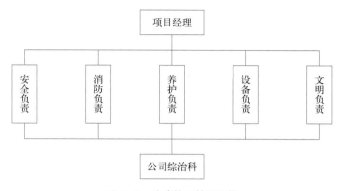

图 7-2　安全施工管理网络

7.3 各专业工种人员和园林机械的配备及劳动力安排

项目实施期间,我们将设一名项目经理总管,配备一名技术人员负责养护管理技术,配备正副两名中队长,下设班长,定点面积保洁除草人员、修剪、治虫、浇水、施肥、垃圾清运安排技术工人。配备农用车 2 辆、洒水车(包括治虫)2 辆、高压喷雾器 2 台、背负式喷雾器 8 台、绿篱修剪机 6 台、割灌机 1 台等供养护使用。租用或借用两间房屋(40m² 左右)供养护队办公和作仓库以堆放物料、农药、肥料等(具体安排详见附表 1、附表 2、附表 3)。

7.4 养护方案及措施、病虫害防治方案

在工程施工结束后进入养护期内的园林树木的养护管理,在整个工程中占据了极其重要的地位。因为园林树木的种植施工和景观绿地的初步建成,毕竟用不了很多时间,而施工以后随之而来的是经常而又长时期的养护工作,所以人们形容树木的植栽施工与养护管理是"三分种植,七分养护"。景观绿地建成后,随着树木的生长变化与绿地使用情况,需经常不断地进行科学的养护管理。养护管理包括两个方面的内容:养护即根据不同花木的生长需要与景观的要求及时对花木进行施肥、浇水、中耕除草、修剪、病虫害防治、防风防寒等;管理即对安全、清卫等方面的管理工作,养护管理必须做到"养护及时,管理从严"。"养护"要求达到整洁、清新、繁茂、富有生气、四季有花,层次分明,无死树、无枯枝、无明显病虫害;"管理"要求干净明洁,无垃圾堆积。按季节、环境、景观要求,采取适时的科学的养护措施,达到用工少,收效大,成本低,提高养护质量。针对本工程,拟采用以下养护技术措施。

7.4.1 浇水与排水

① 水分是植物的基本组成部分,植物体重量的 40%～80% 是水分,树叶的含水量达到 80%。如果树根水分不足,地上部分将停止生长。土壤含水量低于 7% 时,根系停止生长,且因土壤深度增加,根系发生外渗透现象,会引起烧根而死亡。通过及时合理地浇水,可使土壤处于湿润状态。在夏季除了对根部进行浇水外,还需向树冠和枝叶喷水保湿。夏季浇水应尽可能安排在清晨或傍晚进行,而冬季则尽可能在下午 3 点前浇水完毕,以防止晚上冰冻。

② 浇水的次数和数量:应根据植物种类的不同而采取不同的灌溉方法。耐旱的树种浇水数和浇水量应少些,而不耐旱的树种则应多些,浇水时做到浇透,切忌仅浇湿表层。

③ 排积水,填低洼。雨季时应防止地面积水。如遇积水应设法排除,草坪局部出现低洼,应回填种植土,并进行草坪修复,保持草坪平整。

7.4.2 施肥

① 栽植各种园林植物,尤其是木本植物,将长期从一个固定点吸收养料,即使原

来肥力很高的土壤，肥力也会因逐年消耗而减少，因此应不断增加土壤的肥力，确保所栽植株旺盛生长。施肥的种类应根据植物不同的种类、年龄、生育期等，使用不同性质的肥料，才能收到最好的效果。草坪要经常增施氮肥，每亩施用量在10kg左右，一年2～3次。

② 施肥办法：a. 环状沟施肥法；b. 放射状开沟施肥法；c. 穴施法；d. 全面施肥法，即整个绿地秋后翻地普遍施肥。

7.4.3 除草

① 对绿地内的杂草要经常灭除。除草要本着"除早、除小、除了"的原则，初春杂草生长时就要除，但杂草种类繁多，不是一次可除尽的，春夏要进行2～3次，切勿让杂草结籽，否则第二年又会大量滋生。

② 除草是一项繁重工作，一般用手拔除或用小铲、锄头除草，结合中耕也可除去杂草，用化学除草剂方便、经济、除草效率高。除草剂有灭生性和选择性两类，应根据实际情况选取。除草剂应在晴天喷洒。

7.4.4 修剪

① 乔、灌木的修剪。乔、灌木应根据植物的生态习性及自然形态进行整形，及时修剪定形，截口平整，不拉伤树皮，截口涂抹防腐剂。枝条分布均匀，无枯枝危膀，生长季节无异常黄叶。妥善处理树线、树屋矛盾，减少事故隐患。同条道路行道树同树种树形保持一致。如桂花要求形态自然丰满，球形植物要保证球体表面圆润光滑等。

② 拼块灌木的修剪。在定植后应按规定高度及形状，及时修剪拼块灌木，其表面必须平整，并经常夹出灌丛外的徒长枝，使灌丛保持整齐均衡。另外，植株的残花废果应尽早剪去以免消耗养分。球类植物的修剪，做到球类丰满，球面光滑密实，无明显空洞，同一球类的大小保持一致。日常修剪及时到位，不脱脚，不出现单枝（芽）超过5cm未剪现象，缺株视季节及时补种。

③ 道路中央分隔带修剪。不能影响驾车人和行人的视线，以1～1.2m高为宜，不同树种采用不同方法。

④ 剥芽。根据树种确定剥芽次数及剥芽部位，剥芽须及时，芽长不超过10cm，剥芽时不伤害树皮。

⑤ 树木扶正。树木及时扶正，台风季节及时检查清理倒扶树木。夏季及时抗旱，冬季易受冻害的树木及时涂白、包扎、保暖、防冻。

7.4.5 病虫害防治

绿化植物在生长发育过程中，时常遇到各种病虫害，轻者造成生长不良，失去观赏价值，重者植株死亡，损失严重。病虫害主要以防为主，及时防治控制病虫害的发生，用药配比正确，操作安全，喷药均匀，无药害事故。

① 应进行不定期病虫防治。对蚜虫、黄刺蛾，可采用40%乐果乳油1∶1000倍液、80%敌敌畏乳油1∶1000倍液防治；对青虫、蝼蛄等害虫的防治，可用1%辛硫磷灌杀或

敌百虫诱杀；对蚧类的防治，可采用40%氧化乐果乳油1：（1000～1500）倍液、50%辛硫磷乳油1：（1000～2500）倍液、50%二溴磷乳油1：（800～1500）倍液防治。

② 当有病虫害发生时，应采取有效防治措施，把病虫害消灭在早期。

7.4.6　全年养护计划

根据当地的气候特点和高速公路两侧林带树种、树性等实际情况，全年养护管理计划制订如下。

1月：本月是全年气温最低的月份，花草树木处于休眠状态。

① 对各种观赏树木结合整形进行冬季修剪工作，清除树木上的枯死枝、伤残枝、病枝，以及妨碍架空电路线和建筑物的枝条，并对绿地上的落叶进行清扫。应保持绿地清洁，预防发生火灾。

② 修剪目的：a.整形，使植物按照人的意愿生长，增强景观效果，如球状、带状等不同形态。b.促进植物健康生长，特别是幼树。

③ 增加观赏花的质量和数量。如连翘、榆叶梅等。

注：部分树木修剪要慎重。如银杏、合欢、樱花等，此类树种伤口不易愈合，且树种较名贵。

④ 1月气温较低，冬季干旱少雨也是造成花草树木死亡的一个重要原因。因此在条件许可的情况下，可选择气温较高的某天中午浇灌一次冻水，缓解冬季干旱对树木造成的危害，特别是对草坪和灌木类树种。

⑤ 对于易受损坏的树木要加强保护。

⑥ 检查树木防寒情况，对损坏的防寒设施进行修补。

2月：气温较上月有所上升，树木仍处于休眠状态。

① 防止草坪过度践踏，对枯草进行梳草工作；清除过厚枯草层，防止火灾发生。

② 绿化机械及工具进行清查与修理工作。

③ 继续进行树木修剪，月底前结束。

④ 做好春季绿化准备工作，编制苗木种植、补种计划及工具、机械、农药购置计划。

⑤ 落实绿化工作人员。

3月：气温继续上升，中旬花灌木开始发芽，草坪开始返青。

① 绿化工作人员应落实到位。

② 3月12日是全国植树节，做好绿化宣传工作。

③ 草坪与树木均开始返青，需水量增加，选在天气好、气温较高的时段，对所有绿地浇灌春水1～2次。

④ 进行彻底、全面的清理，清除干草、杂物。

⑤ 全面检查草坪土壤平整状况，对不平整部位可适当添加种植土和细沙进行平整。

⑥ 修整花池、树耳。做到花池、树耳轮廓清晰、整齐、美观。

⑦ 春季绿化工作开始，抓紧时间做好花灌木的种植、补植，确保成活率。

⑧ 种植树木注意事项：a.当天运来的苗木尽可能当天种完，不能种完的要进行假植；b.种

植树木当天浇水两遍；c. 及时进行修剪。

⑨ 下旬对草坪追施一次氮肥，花卉可施复合肥。

⑩ 中下旬逐步拆除防寒设施。

4 月：气温继续回升，花灌木均已发芽、开花，开始进入生长期。

① 结合绿化工作安排好活动。

② 大部分植物均已发芽、开花，草坪已经基本返青，应抓紧时间及时完成花灌木的种植、补植工作（特别是落叶品种应在发芽前、常绿树在 4 月中旬以前完成），采取措施提高成活率。

③ 及时清除草坪中的杂草，控制杂草生长。

④ 对草坪适当修剪，留茬高度控制在 5～8cm，对草坪施氮肥，保障草坪的春季生长发芽。施肥可采用多次少量的方式，施肥后应该灌水一次。

⑤ 全面防止病虫害，此时是蚜虫的初发期，花灌木生长期内均有发生，因此防治蚜虫工作应贯穿到 9 月份。防治蚜虫可采用低毒广谱类杀虫剂，如溴氰菊酯、菊杀乳油、辛硫磷等药物。

⑥ 对各种树木及草坪及时浇水，特别是草坪浇水次数应在 2～3 次。

⑦ 对移植和新补植的树木和草坪应加强肥、水管理。

⑧ 剪除冬季、春季干梢的枝条。

⑨ 有条件的可对花灌木施有机肥。

⑩ 对绿篱进行第一次修剪，迎接"五一"的到来。

5 月：气温急骤上升，树木迅速生长。

① 对观花灌木进行花后修剪，并剪除残花，如连翘、榆叶梅、碧桃等。对其它树木可进行春季修剪，主要是徒长枝的修剪，新植树木及时剥芽。

② 及时修剪草坪，一般 10 天左右修剪一次，修剪高度控制在 5～8cm 为宜，遵守修剪 1/3 的原则。剪草前应先清理草坪，清除草坪中的树枝、石块等杂物，剪下的草屑及时清理，保持草坪的清洁、整齐。

③ 及时清除草坪中杂草，控制杂草的生长。

④ 注意病虫害的防治，除了防治蚜虫外，此时草坪易发生叶斑病、白粉病和锈病，此类病害是由真菌、病毒引起，有很强的传染性，且危害性极大，可造成草坪大面积死亡，在 5～9 月期间均有发生，要给予充分重视，早发现早防治。有条件单位每隔 10 天左右可喷洒一次多菌灵及粉锈宁预防病虫害的发生。

⑤ 此时期是花灌木生长旺盛期，需水量大，因此及时浇水十分重要，但要注意不要积水。

⑥ 对损坏严重的草坪进行补植或播种。

6 月：气温急骤上升，树木迅速生长。

① 雨季来临时，可将过大、过密的树冠进行适当疏剪。对一些宿根花卉进行摘心修剪，控制生长，增加花卉量。

② 做好绿地排水防涝的准备工作。

③ 对草坪修剪应定期进行，一般修剪 3～4 次。

④ 6月是各种病虫害的多发期，防止虫害发生也是本月的重要工作。主要病虫害有蛀杆害虫（天牛幼虫）和地下害虫（蝼蛄、地蚕等）。主要农药有氧乐果、辛硫磷、菊杀乳油、三氯杀螨醇、溴氰菊酯、克螨特、敌杀死、杀螟松和多菌灵、代森锰锌、甲基托布津等。

⑤ 及时清除杂草。

⑥ 施肥，此时进入高温季节，多施磷、钾肥，少量施用氮肥，施肥量控制在 $1kg/100m^2$ 左右。

⑦ 对绿地多浇水，浇水次数 4～5 次，浇水应避开高温时间，尽量早晚浇灌，禁止地表积水。

⑧ 对损坏严重的草坪进行补植或播种。重点地区面积小的可以补植，面积大的非重点部位应以播种为好。原生草寿命长，播种可节约资金。

7月：本月气温较高、湿度大、多暴风雨。

① 对草坪修剪 3～4 次。

② 对草坪和树木适当浇水，一般以湿润地表 15～25cm 为宜。

③ 本月雨水充沛，杂草生长旺盛，要对绿地内杂草及时清除（除草剂药害较大，不提倡使用，大多数以人工拔除为主）。

④ 由于本月气温高、湿度大，所以对病虫害应特别注意，特别是草坪病虫害发生频率高，所以要经常喷药进行预防。本月草坪易发生白粉病、锈病、褐斑病。

⑤ 大雨后，容易发生树木倒歪等危险情况，各管理处应及时派人检查，发现险情及时处理。

⑥ 做好排水防涝工作，雨后及时排除绿地内的积水。由于本月雨水多空气湿度大，是移植常绿树和竹类的适宜季节。

8月：本月气温较高。

① 草坪修剪 3～4 次。

② 绿地浇水根据天气情况适当安排。

③ 及时、有效地防除各类杂草。

④ 本月与上月一样，容易发生病虫害，养护工作主要以控制病虫害为主，应及时、有效地对病虫害进行防治。对每次病虫害的特征和使用药物效果认真记载，以便总结经验。

⑤ 下旬可继续对损坏的草坪进行（8月中旬—9月上旬为草坪播种最佳季节）播种。

9月：气温下降，临近国庆节。

① 结合整形对树木进行秋季修剪，主要剪除春、夏生长的徒长枝、干枯枝杈。

② 绿篱整形修剪。主要是新枝条平整度的修剪。

③ 对草坪修剪 3～4 次。

④ 绿地灌水 3～4 次。

⑤ 对弱势花灌木、草坪施肥，以磷肥和钾肥为主，以增强其抗病能力和促进树木和草坪的秋季生长。

⑥ 全面整理绿地园容，做到树木青枝绿叶，园容干净整齐，迎接国庆节。

⑦ 对绿地内杂草进行全面清除。

⑧ 本月气温开始下降,是冷季型草坪的最佳生长期,也是地下害虫为害较严重的时期,因此,对地下害虫的防治不能放松。

10月:气温继续下降,花灌木开始落叶。

① 对草坪修剪1～2次,留草高度适当提高,利于草坪的安全越冬。

② 对枯死的草坪病斑及时清理,对草坪中出现的空隙地进行补植。草坪的播种应于上旬全部完成。

③ 绿地灌水1～2次。

④ 追施磷、钾肥,促进树木和草坪的越冬能力,延长绿色期。

⑤ 对越冬的虫害进行防治,特别是树木虫害和地下虫害。

11月:气温继续下降,花灌木开始落叶,进入休眠期。

① 大多数植物生长缓慢,逐渐进入休眠状态,部分树木和草坪出现枯黄现象,管理工作主要是清扫地表的树木落叶,对草坪的枯草层进行清理,下旬清理后应该浇冻水一次,特别是补植或补播的新建草坪。

② 对各种机具进行清理、检修和保养工作,对草坪机具收存、入库管理。

③ 对局部呈绿色的草坪和常绿树种及部分未落叶的落叶树种可轻施磷、钾肥和供应水分,以使绿色期延长。

④ 对新植或需防寒的植物做好防寒措施,确保植物顺利越冬。如:新植丝兰、樱花、泡桐、悬铃木、水杉、雪松、玉兰等都要进行防寒。每年需要防寒的树种有竹类、雪松、黄杨等。

12月:气温零度以下,花灌木进入休眠期。

① 花灌木进入休眠期,可对花灌木进行冬季修剪,对需移植的树木做出计划,以便来年及时移植。

② 清除树木落叶,防止过度践踏草坪。

③ 天暖时可对草坪进行一次浇水,对草坪完全越冬提供充分保障,并有利于春季草坪返青。

④ 对绿化机具进行全面保养、入库。

⑤ 整理养护管理记录,做好全年绿化总结。

7.5 恶劣天气应急预案,抢险救灾措施

应对养护绿地内突发事件,应强化对紧急事件的处理能力,将突发事件对公司养护的绿地、设施、人员、财产和环境造成的损失降至最低,最大限度地保障生命、财产安全。为有效预防、及时控制突发事件,尽最大可能消除灾害造成的损失,并能够迅速、准确和有效地进行应急预防,最大限度减少因大风、低温、霜冻、大雪等自然灾害及事故灾害对园林植物造成的损害,结合公司养护人员工作特点,特制订本应急预案。

做好自然灾害防护工作是一项艰苦、细致、严肃的工作,也是一项对从事园林绿化工作者的严峻考验,公司本着以预防为主,积极开展园林绿化苗木的自然灾害防护工作,遵循

"安全第一，预防为主，综合治理"的方针，坚持防御和及时处理相结合的原则。

为加强对养护绿地灾害防护工作，公司特成立"南岭生态城绿化养护工程应急防护工作指导组"，统一领导、分工合作、加强联动、快速响应，宣传到位，尽可能地减少灾害造成损失。指导组组成如下。

组长：项目经理；

副组长：技术负责人、质量负责人、安全负责人；

成员：应急及治安组全体成员。

7.5.1 灾害类型

（1）自然灾害

自然灾害主要包括旱、涝、大风、冻、雪灾害，暴发性和大规模植物病虫害等。

（2）事故灾害

事故灾害主要包括养护区内安全事故及设施安全等。

7.5.2 应急及防护措施

灾害天气期间，各施工小组做好与应急防护工作指导组之间的配合工作，听从应急防护工作指导组一切指令，建立24h专人值班制度，保证与指挥部之间通信畅通，在接到指挥部指令时，应立即投入抢险工作；合理安排应急及治安组成员，各种抢险工具、车辆、绳索、电（油）锯、排水泵等设备应备齐备足，并按规范进行必要的安全检查；在抢险工作进行时，应注意保护抢险人员自身安全，夜间操作必须穿反光背心，车辆必须打警示灯，不得带电操作，高空操作时，应做好登高人员的防护工作，并在周边设置警示牌，若遇确实无法操作时，应及时向指导组报告；抢险后，及时清扫残枝败叶，对截枝后的树干、树枝应统一堆放，不得影响车辆和行人的通行。

（1）旱季应急及防护措施

① 养护时应加强绿地巡查力度，对抗旱性、抗风性较差的植物应采取必要的措施进行遮阴、修剪、抹芽和加固支撑。

② 对一些抗旱性较差的植物，可适当采取搭建遮阴棚的方法防止苗木受阳光直射，但搭建的高度必须按规范设置，保持苗木的通风。

（2）高温季应急及防护措施

① 合理安排养护人员和工作时间，尽可能采取每天早上提早作业，晚上延长作业时间的办法。

② 要选择合理的时间段给苗木进行浇灌，在浇灌作业时，应浇足水、浇透水，避免苗木因高温干旱缺水导致的大面积受损情况出现。

③ 高温期间，各单位应做好养护工作人员的防暑降温措施，对民工宿舍、材料仓库等地的用电、用火应做好安全教育和安全措施。

（3）雨季应急及防护措施

① 应密切注意天气预报，提前固定乔木，同时组织抢险队伍，准备足够的防雨器材和

工具，对施工区域的所有高大乔木增加临时固定措施，一旦出现倒状、影响交通的马上打桩扶正固定，对行人和车辆可能造成危害的及时移走，要确保道路不因树木倒伏而受阻。绿地内积水成涝时，及时疏通排水沟，并用水泵及时排水。

② 各种施工机械做好雨季遮挡，确保雨后能迅速投入施工。

③ 做好临时防雨设施的贮备，如篷布、草袋、防滑跳板等。随时检查排水系统是否畅通，否则及时进行清理，施工现场临建、生活区周围开挖出临时排水沟。基坑四周设挡水堤，基坑排水坡度要适宜，开挖出集中坑并设水泵以准备抽水。

④ 雨季前应组织有关人员对现场设施、机电设备、临时线路等进行检查，针对检查出的具体问题，应采取相应措施，及时整改。施工现场的所有电气设备必须设置防雨罩具及漏电保护装置，设置防风避雷措施。临建和堆物与高压线之间要有足够的安全距离。

⑤ 做好短、中、长期气象预报的接收与传达工作，设置专人每天早、中、晚定时收听电台天气预报，结合气象资料调整有关项目进度。

（4）大风天气应急及防护措施

① 必须牢固树立"预防为主"的指导思想，抓紧时间对管护绿地的死树、危树进行清理。

② 对易受风害的乔木（新种、浅根系、树冠过大等）进行全面的支撑、加固，临时性加固措施应当增设醒目标志，避免伤人。

③ 抓紧安排剪除树木上的枯枝、病虫枝，以防大风期间断枝伤及行人。对树冠过于浓密或可能对周边建筑物造成影响的乔木进行适当的疏枝，以减少受风面积，达到防风保苗的效果。

④ 大风影响期间，各单位必须严格落实值班制度（应急小组），一旦出现树木折断、倒伏等情况立即予以处理。

（5）冬季应急及防护措施

冬季常见自然灾害主要有冻害、霜害、雪害这三种类型。这些灾害是由大风、降雪（或雨夹雪、冰粒等）形成的积雪、结冰现象，或由于某些树种越冬性不强而发生干枯的现象，会对园林植物的生长、越冬造成危害。近年来在全球气候变暖的大背景下，本地区雨雪冰冻天气有所减少，但极端雨雪冰冻灾害发生的可能性仍然存在。

1）冻害

冬季来临之前要对苗木进行修剪，或用干稻草、草席等进行覆盖、包裹等均对预防低温伤害有良好的效果。同时在整个生长期中加强病虫害的防治。在土壤封冻前灌冻水，可保持土壤的温度和湿度，使苗木增加抗冻和抗风能力。对树干涂白防冻，以对新植幼树或不耐寒树木进行防护。对不耐寒苗木搭建防风障和防寒棚。

2）霜害

喷水法：在即将发生霜冻的黎明，向树冠喷水，防止急剧降温。

熏烟法：根据气象预报，于凌晨及时点火发烟，形成烟幕，以减少土壤热量的散失，凝结水蒸气放出热量，保护苗木。

根外追肥：根外追肥以增加细胞浓度，达到抗冻效果。在霜冻发生后，及时进行叶面喷肥以恢复树势，对花灌木很有效果。

伤口保护与修复：树木遭受低温危害的伤口及时修整、消毒与涂漆，以加快伤口愈合。

3）雪害

树冠因积雪过多可能使大枝造成压裂、压断，融雪期时融冻交替变化，冷热不均也可能引起冻害。其防护措施主要是雪前设立支柱，枝量过多的树木适当修剪；雪后及时将雪压倒的枝条扶正，振落积雪。

（6）事故灾害应急及防护措施

1）树木倒伏占压道路或砸压建筑物应急处理

若发现树木倒伏占压道路或砸压建筑物要立即向应急指导小组报告，并立即通知公安、房管、电力等相关部门派员参加救援。项目部要立即组织人员携带抢险工具与车辆迅速奔赴现场，并拨打110报警电话，配合公安交管部门做好抢险区域的交通管制和交通疏导。如树木倒伏发生伤害事故，要保护好事故现场，及时抢救伤员，配合公安部门做好取证，认真做好事故现场的调查与分析，排除险情，做好倒伏树木的处理与加固，落实安全措施。

2）树木倒伏砸压电力线路应急处理

若发现树木倒伏砸压电力线路要立即向应急指导小组报告，并启动本预案。迅速通知电力部门，立即组织绿化抢险人员携带抢险工具与车辆奔赴事故现场，配合公安交管部门做好危险区域的人员疏散和交通管制，防止触电事故发生。绿化抢险人员进入抢险事故现场，要服从电力部门的统一指挥，配合电力部门进行抢险。树木砸压电力线路或者高压线断折落地，未经电力部门的同意，在未采取安全措施前，任何人员不准进入危险区域，防止触电事故发生。

3）绿化植物发生火灾应急处理

若发现绿化植物发生火灾要立即向应急指导小组报告，并启动本预案，迅速向项目经理部报告，同时拨打119和110报警电话，立即组织抢险人员携带抢险工具、灭火器材和车辆，奔赴火灾事故现场进行火灾扑救和抢险。在现场要协助公安交管部门做好人员疏散和交通管制，配合公安消防部门进行火灾的扑救，对火灾事故现场做好保护，配合公安机关做好火灾事故现场的调查分析，落实安全措施。

7.6　排水沟渠的疏理和相关配套设施的养护管理

养护期间对环境采取必要的保护措施，使在施工期间受损的环境影响减到最低程度。

7.6.1　防止水土流失和加强废料处理

① 在施工期间始终保持工地的良好排水状态，修建一些临时排水渠道，并与永久性排水设施相连接，且不得引起淤积和冲刷。

② 施工中的临时排水系统，应能最大限度地减少水土流失及对水文状态的改变。

③ 开挖或填筑的土质路基边坡应及时采取防护措施，防止雨季到来时水流对坡面的冲

刷而影响排水系统，减少对附近水域的污染。

7.6.2 防止或减轻水、大气和噪声污染

① 施工废水、生活污水不得直接排入农田、耕地、灌溉渠和水库。

② 施工期间，施工物料如水泥、油料、化学品等应堆放管理严格，防止在雨季或暴雨时将物料随雨水径流排入地表及附近水域造成污染。

③ 使用机械设备的工艺操作，要尽量减少噪声、废气等的污染；建筑施工场地的噪声应符合《建筑施工场界环境噪声排放标准》（GB 12523—2011）的规定，并应遵守当地有关部门对夜间施工的规定。

7.6.3 绿地环境保护和配套设施的维护

加强巡查检查，严禁开挖，及时处理施工过程中的杂草杂物，规范堆放地点，及时清出场外，严禁使用高毒性、高残留农药、化肥，妥善处理残液、废包装，保护绿化地内所有配套设施，检查完好情况，及时维修和更换。

7.7 保洁、抢险、巡查处理预案

7.7.1 卫生保洁责任落实

① 保洁员不得将垃圾任意倒放，须统一收放，并带离养护区域。

② 保洁员须着装整齐，道路保洁人员着反光背心、挂牌上岗并正确处理路面垃圾，不得随意抛洒。

③ 公司应为每位保洁人员办理人身意外伤残保险，保险费用每人每年不得低于 300 元。每位保洁人员在保险生效后方能上岗。

④ 业主单位在检查中，如发现保洁人员无法胜任保洁工作，公司必须无条件予以更换，新的保洁人员必须在 5 天内到岗（并且要办理保险）。

⑤ 保洁人员因故请假，不得由无保险人员代替。

⑥ 保洁人员需配备必需的保洁工具。

⑦ 因承包人管理不善，保洁不能达到业主的要求，在两次警告无效的情况下，业主有权终止合同，因此造成的一切损失由承包人承担。

⑧ 保洁员发现有特殊情况（交通事故、路面有 1 人不能移动的障碍物以及路面桥梁严重病害等），有义务通过紧急电话及时跟监控分中心联系。

7.7.2 抗灾保绿，突发事件抢险预案

养护期间，发生台风、洪涝、干旱、雪灾等灾害性天气，应积极抗灾保绿及灾后整理，减少灾害造成的损失。

7.7.3 巡查

配备专职巡查协调人员,及时制止乱挖绿地、砍伐树木等现象,发现问题,及时汇报上级部门,并协助处理。

设置24h值班专用电话,与110报警电话联动保安,以应对灾害和突发安全事故。

7.8 绿化人员作业规程

7.8.1 绿化人员工作职责

(1)绿化组长

① 对项目部负责,接受项目部的工作监督。

② 组织班组员工开展日常的绿化养护工作。

③ 负责绿化机具的保管及日常维护工作。

④ 检查员工的出勤情况和员工的仪容仪表,督导员工遵守公司相关制度。

⑤ 负责新员工的工作指导。

⑥ 完成每周的工作计划,并组织实施周计划。

⑦ 完成领导交给的其它任务。

(2)绿化人员

① 遵守公司相关的规章制度。

② 服从绿化组长的工作安排,保证绿化区域的绿化质量。

③ 负责所管理绿化区域的保洁工作。

④ 依照绿化相关的作业指导书进行规范操作。

⑤ 爱护绿化机具,做好日常修枝、打药、除杂草、浇水、施肥、绿化修剪等维护保养工作。

⑥ 定期接受绿化培训和学习,提高绿化技能。

7.8.2 修剪作业指导书(工作程序)

(1)整形修剪的程序

一观察,二修剪,三处理。

(2)草坪的修剪

① 修剪标准:草坪高度不得高于15cm,修剪后的草坪高度为5~10cm,并遵守1/3原则。

② 修剪步骤:

a. 清除草坪地上的杂物、杂草。

b. 选择走向,不得与上次修剪路线一致,避免草坪长势偏向一侧。

c. 选择适宜的机具按选定的路线开始剪草。

d. 修剪完后清理现场。

③ 修剪的质量要求:

a. 修剪后整体效果平整。
b. 无明显起伏和漏剪，剪口平齐。
c. 无明显交错痕迹。
d. 收拾好修剪工具，现场清理干净，无遗漏草、杂物。
（3）乔木的修剪
① 修剪操作内容：
a. 棕榈科植物老化枝叶枯黄面积达 2/3 时应剪除，其叶壳在底部开裂达 1/3 以上时剥除，修剪时应保护主干顶芽。
b. 对折枝和枯黄枝叶应及时剪除。
c. 每年 12 月至次年 2 月应对乔木修剪，剪除徒长枝、萌蘖枝、并生枝、下垂枝、病虫枝、交叉枝、枯枝等，并对树冠适当整形保持形状。
d. 修剪整形应达到均衡树势、完整树冠和促进生长的要求。
e. 修剪后收拾好修剪工具，及时清理现场。
② 修剪工具：高枝剪、高枝锯、短枝剪、枝剪、条排剪、人字梯等。
（4）灌木修剪操作内容
a. 所有的灌木应在冬季进行一次枯枝、弱枝、徒长枝的清理及株形修剪工作。
b. 应及时修剪非观花的已成形造型灌木，保持其原有造型。
c. 每天的巡查中应及时清除折断枝和枯黄枝叶。
d. 对棕榈科灌木应及时清剪枯黄叶。
e. 观花灌木应在花期后进行修剪。

7.8.3 病虫害防治作业指导书（工作程序）

（1）植物病虫害的防治原则
① 坚持预防为主、综合防治为原则。
② 病虫害发生时应及时治疗，尽可能防止扩散和蔓延。
（2）危害园区植物的害虫
① 地下害虫：地老虎等。
② 食叶虫害：毛虫等。
③ 吸汁虫害：蚜虫等。
④ 蛀干虫害：食心虫等。
（3）园区植物的病原菌
① 真菌性病害：白粉病、锈病等。
② 细菌性病害：清枯病等。
（4）园区植物病虫害的防治方法
具体内容参照模块五。
（5）减少病虫害的来源
常用方法如下。
① 清除残株、病虫枝、杂草，保持绿化带清洁。

② 加强日常的养护管理使植株生长健壮。

（6）选择化学药剂防治

农药的使用一般指杀菌剂、杀虫剂。

农药的操作要领：

a. 准备相关的药具。

b. 操作人员必须穿长裤，戴口罩、手套，详细阅读标签说明并做到：清楚农药的使用对象。清楚农药的使用剂量。农药的稀释倍数。

c. 农药操作人员应站在上风口。

d. 喷完药以后，操作人员应洗干净手脸和喷药工具，将剩余农药如数交回库房。

农药的使用见表 7-1，使用农药的注意事项：

a. 农药均具有毒性应妥善保管。

b. 使用农药的浓度要正确，避免产生药害。

c. 喷施农药时应多考虑植物的物候期。

d. 喷施农药时要均匀以防出现药害。

e. 喷施除草剂时应全程压低枪口，以防伤及其它植物。

f. 在农药的使用过程中绿化班长必须参与技术指导。

g. 在植物喷施农药后要定期观察防治效果。

h. 为避免植物产生抗药性，应交叉使用农药。

表 7-1　农药的使用

农药名称	农药的使用	注意事项
百菌清	75% 的百菌清可以防治白粉病、霜霉病、黑斑病等多种真菌性病害，其浓度为 600～1000 倍液喷雾	不能和波尔多液、石硫合剂混用
多菌灵	具有保护性和治疗作用，可以防治茎腐病、根腐病、多种叶部病害、白粉病、黑斑病等，其浓度为 600～1000 倍	不能和铜制剂、碱性药剂混用。此药易使植物产生抗药性
甲基托布津	具有保护性和治疗作用，可以防治白粉病、灰霉病、炭病、褐斑病、黑斑病等真菌性病害，其浓度 700～1200 倍	不能和铜制剂、碱性药剂混用。此药易产生抗药性，但不能和多菌灵轮换使用
代森锰锌	具有保护性的杀菌剂，可以防治锈病、叶斑病、褐斑病等真菌性病害，其浓度为 400～600 倍液喷雾	不能和波尔多液、石硫合剂混用
粉锈灵	内吸性的杀菌剂，具有保护性和治疗作用。可以防治锈病、白粉病、叶斑病等病害，25% 的可湿粉剂的使用浓度为 2000～3000 倍	严格控制剂量
瑞毒霉	高效的内吸性杀菌剂，可以防治霜霉病和疫病等。25% 的可湿粉剂的使用浓度为 500～800 倍	此药易产生抗药性，一般使用复合制剂
速扑杀	具有触杀、胃杀和渗透作用，主要防治蚧壳虫等。其浓度为 1500～2000 倍	对核果类植物应错开花期打药

续表

农药名称	农药的使用	注意事项
辛硫磷	具有触杀和胃毒作用的杀虫剂,主要对地下害虫如地老虎等进行防治。其使用浓度为 2000～3000 倍	不能和碱性药剂混用,例如石硫合剂
尼索螨醇	具有触杀作用,主要防治螨类。使用浓度为 1500 倍	和其他杀螨剂交替使用,避免产生耐药性
氧化乐果	具有杀虫、杀螨作用的内吸性杀虫剂。使用浓度为 1500 倍	对梅花、桃花等植物易产生药害

7.8.4　剪草机安全操作规程（工作程序）

（1）剪草机的操作程序

① 检查机油、汽油是否正常,检查刀盘等机器的各个部分是否正常,发现问题应及时处理并做好记录。

② 装好草袋,依照机器的使用说明书调节机器的剪草高度。

③ 清除剪草区的石块和杂物,然后将工作区的无关人员劝离。

④ 冷机启动时先关闭风门,然后将油门调到低挡位,拉动启动绳后,再打开风门。

⑤ 加油门直到机器正常运转后,方可开始剪草。

⑥ 待机器刀盘停止运转后方可清理机身内外的草渣,然后用水将机器冲洗干净。

⑦ 检查机油是否达到正常油位,检查并清洁空气滤清器。

（2）机器使用的注意事项

① 只能用于剪草。

② 使用前应全方位检查,并做好记录,用后做好检查及清洁保养。

③ 使用剪草机首先彻底清理剪草区的石块及杂物并将工作区域内的无关人员劝离。

④ 机器运转时禁止将手伸入剪草机刀盘内清除杂物。

⑤ 草地未干禁止剪草。

7.8.5　喷雾器安全操作规程（工作程序）

（1）喷雾器的操作规程

① 检查喷雾器性能是否良好,将喷雾开关调至关闭。

② 治不同的病虫害,使用不同的药物配成不同浓度的药液,将原药按剂量倒入喷雾器内,盖上过滤网。

③ 用桶或水管加入无杂物的清水至水位线处,将喷雾器背在背上,左手拿压杆,右手执喷杆手柄。

④ 左手上下压动压杆至有一定压力时,右手打开开关,根据被喷植物（或面积）的大小调节开关大小。

⑤ 右手摆动喷杆,使喷头按要求上下或左右喷雾。

⑥ 每次使用完后，再加入清水，压动压杆，打开开关，使清水喷出，清洗喷雾器，并将喷雾器倒立，使剩余的清水流尽后将喷雾器交回库房。

⑦ 操作完毕，操作者应及时清洗手、脸等裸露部位，更换衣物，并填写"机具使用登记表"。

（2）注意事项

① 操作人员须戴好口罩和手套，着长衣长裤，防止中毒。

② 药物妥善放置，以免他人误用。

③ 水位不超过水位线，防止药液外流接触皮肤，引起中毒。

④ 保持左手压力均匀，上下压动次数在 30 次 /min 左右，勿使压力过大损坏气压室。

7.8.6　施肥作业指导书（工作程序）

（1）肥料种类包括有机肥和无机肥

① 有机肥肥效长，养分足，来源方便，改良土壤效果好，一般作基肥用。

② 无机肥肥效快，易吸收，无臭味，使用方便卫生，一般作追肥用。

③ 有机肥和无机肥的比较：无机肥如氮肥能促进枝叶生长，并有利于叶绿素的形成，使植株青翠挺拔。氮肥或含氮为主的肥料应在春季大量施用，以利于促进枝梢生长。花芽分化时期，应多施以磷为主的肥料，以有利于促进花芽分化，为开花打下良好的基础，切忌施氮肥过多，否则会影响花芽分化。秋季要多施磷、钾肥，停止施用氮肥，防止植株徒长，以利于安全越冬。无机肥一般作追肥，在植物生长季节施用。有机肥一般作基肥，在栽植前施入栽植穴中，或在深秋、初冬、早春给大树施用。

（2）施肥的方法

① 环状沟施：树木施肥常用的方法。在晚秋树木休眠期，沿树冠投影地面的外沿，开挖 30～40cm 宽的环状沟，深度 20～50cm（依据树木大小而定），将肥料均匀放入沟内，其上加入适量的表土并拌匀，然后填土平沟，这种方法可保证树木根系吸肥均匀，对青壮年树木适用。

② 放射状沟施：以根际为中心，顺根繁育生长方向向外水平开沟，由浅而深，每株树开 5～6 条分布均匀并呈放射状的沟，沟长稍超出树冠投影的边缘。将肥料施入沟内，然后加入适量的表土并拌匀，最后填土达到略高于地面。这种方法可保证内膛根也能吸收养分，适用于老龄树木复壮。

③ 穴施：在树冠中午投影的边缘，挖 7～8 个分布均匀的洞穴，施入肥料后填土（比地面略高）。

以上三种施用基肥的方法最好轮流采用，相互取长补短，对树木吸收养分最为有利。

④ 根外施肥法：将事先配制好的营养液，用喷雾喷洒到植株枝叶上，使枝叶吸收利用，促进植株生长。

（3）施肥应注意的事项及要求

① 有机肥料要充分发酵、腐熟，浓度适宜；化肥必须完全粉碎成粉状，不宜成块施用。

② 施肥（尤其是化肥）必须及时适量灌水，使肥料渗入土内。第二天早晨再淋水一次，

俗称"回水"。

③ 根外施肥要严格掌握深度，以免烧伤叶片，最好于阴天或日落前喷施，遵循"薄肥勤施"的原则。

（4）施肥程序

① 根据植物生长情况以及所需要的肥料选定施用有机肥（垃圾肥、蘑菇肥、饼肥等）还是无机肥（氮肥、磷肥、钾肥、复合肥）。

② 施肥方法：有机肥多用作基肥，即穴施、环施、沟施，施肥后必须浇水否则易造成肥害；无机肥（化肥）多撒施、喷施和根施，作追肥。

③ 施肥时间：一般在阴天或傍晚为宜。

④ 施肥要求或标准："四多、四少、四不、三忌"。

四多：黄瘦多施，发芽前多施，孕蕾期多施，花后多施；

四少：肥壮少施，发芽后少施，开花期少施，雨季少施；

四不：徒长不施，新栽不施，盛暑不施，休眠不施；

三忌：忌浓肥，忌热肥（指天气炎热时施肥），忌坐肥（指栽种时根部坐在基肥上）。

7.8.7 植物浇灌水作业指导（工作程序）

（1）植物浇灌水的质量要求

① 浇灌水的原则：不干不浇，浇则浇透；

② 浇灌水时要浇灌透并做到均匀，切忌上湿下干；

③ 水源必须无污染和无毒；

④ 浇灌水前必须做到土壤疏松，土表不板结，以利于水的渗透；

⑤ 地表温度高时不可浇水。

（2）草坪的浇灌水

① 人工浇灌水；

② 自动喷灌浇灌水；

③ 夏秋季浇灌水的时间一般是早晨，春冬季浇水时间一般在中午后；

④ 浇灌水的频次要求根据草坪的实际情况及天气状况确定，遵守"不干不浇，浇则浇透"的原则；

⑤ 草坪浇灌的检查标准：土壤湿润10cm左右即可。

（3）乔灌木的浇灌水

① 浇灌水的时期：

a. 休眠期浇灌水是在秋冬和早春季节；

b. 生长期浇灌水是在花后和花芽分化期后。

② 浇灌水的常用方法：

a. 人工浇灌水；

b. 自动喷灌浇灌水。

③ 浇灌水量以土壤持水量60%～80%为宜。

7.9 绿化养护工作程序

园林主管工作流程：

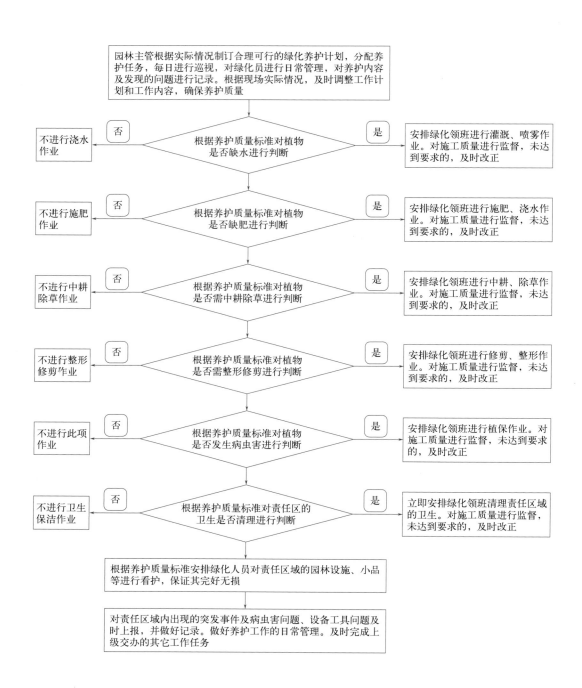

绿化领班工作流程：

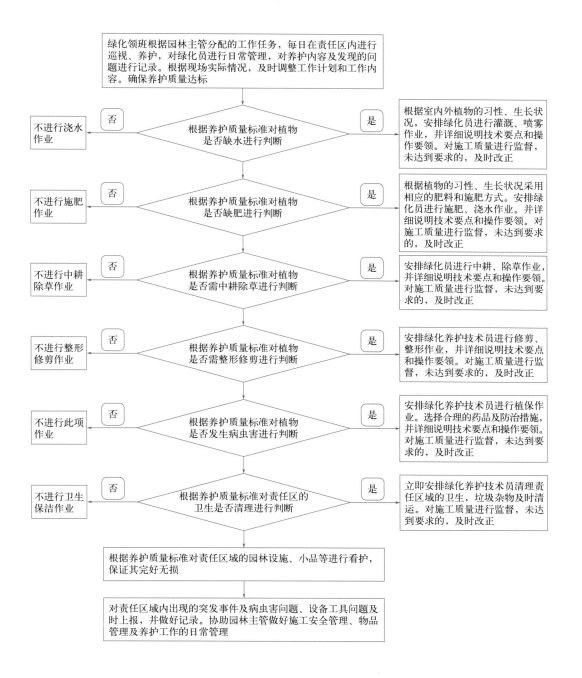

绿化养护技术员工作流程：

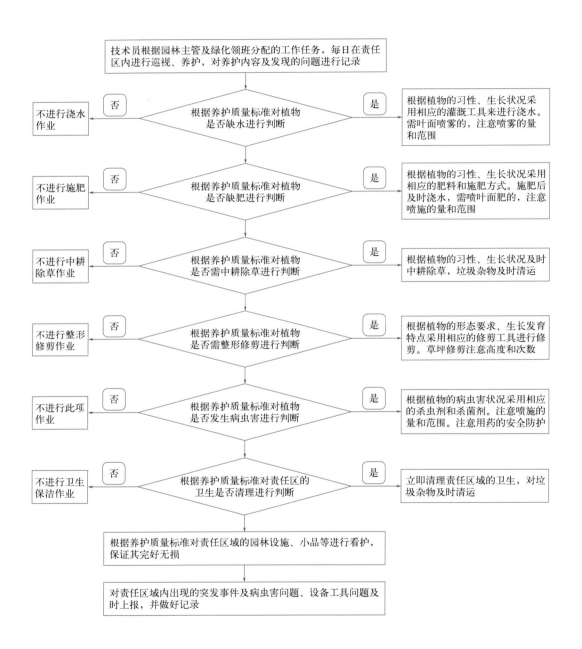

7.10 项目养护管理照片

7.10.1 项目备草区

由于项目草坪面积较大,加之高尔夫运动对草坪要求较高,项目种植了大面积备草区,用于对生长不良草坪的及时更换(图7-3)。

图 7-3 项目备草区

7.10.2 日常打药杀虫

日常打药针对不同的场地采用不同的打药设备,操作人员戴口罩,严禁抽烟及吃东西;操作人员在使用设备前必须经过培训;农药配比严格按照配比要求,并远离不需喷洒场地;操作人员应从场地上风口开始喷洒农药(图7-4)。

7.10.3 园区灌木日常修剪整形

园区灌木应及时修剪,保证植物的生长和成形,美化环境。修剪应掌握一看、二剪、三检查的原则,修剪前对树木的生长势、枝条的分布情况及需要的冠形先了解,剪时由上而下、由外而内、由粗剪到细剪(图7-5)。

图 7-4　日常打药杀虫

图 7-5　灌木日常修剪整形

7.10.4　园区主路行道树修剪

行道树定杆高度以下的枝条应全部剪除；有明显主干的乔木，分支点以下的树干应挺立通直，主支分布均匀整齐，不偏冠；修剪口平滑，不得有劈裂，剪口应留有斜度，以利愈合；剪口大于 3cm 的应做防腐处理（用药物、油漆或烧灼等方法）。行道树修剪如图 7-6。

图 7-6　行道树修剪

7.10.5　高尔夫球场草坪修剪

　　高尔夫球场果岭草坪属精细化管理场地，剪草机必须使用专用果岭修剪机。修剪频次一般每天一次，在上午进行，减少修剪次数，会导致草坪密度降低，叶变宽。修剪最佳高度4.8～6.4cm。剪草方向通常每次都要改变，以此减少单向分蘖芽的产生（图7-7）。

图 7-7　高尔夫球场草坪修剪

7.10.6 日常浇水养护与草坪补植

① 日常浇水养护应根据天气情况进行：常规条件下，乔木在12—4月每周1～2次，在5—11月每周灌水2～3次，每次浇水要浇透；11—4月低温浇水在9：00—16：00进行，5—10月高温期在10：00以前或16：00以后进行浇水（图7-8）。

② 草坪补植应先铲除生长不良或病害的草坪，对土壤进行消毒；清除地上的所有土块、石子和其它杂物，然后把土壤整平；草皮铺植前必须浇透一次水，草皮铺植时不能拉伸或重叠草皮，每块草皮之间留出0.5cm缝隙，然后适量浇水（图7-9）。

图7-8　日常浇水

图7-9　草坪补植

模块 8
职业技能知识题库

8.1 园林绿化养护管理技术训练习题(理论知识部分)

班级:＿＿＿＿＿＿ 姓名:＿＿＿＿＿＿ 成绩:＿＿＿＿＿＿

一、单项选择题(每小题 2 分,共 30 分)

得分	阅卷人	审核人

题号	1	2	3	4	5	6	7	8	9	10
答案	C	A	D	C	C	D	D	A	C	A
题号	11	12	13	14	15					
答案	A	D	B	D	D					

1. 理化性质好,团粒结构好,孔隙度合适,肥力水平高,排水和保水性能好的土壤是(　　)。
   A. 砂壤土　　　　B. 黏壤土　　　　C. 壤土　　　　D. 鸭屎泥
2. 能对土壤进行改良的肥料是(　　)。
   A. 厩肥　　　　B. 过磷酸钙　　　　C. 氯化钾　　　　D. 尿素
3. 城市园林土建筑垃圾比较多,水泥、石灰渗漏到土壤中,客土或换土用(　　)。
   A. 紫色砂土　　　　B. 鸭屎泥土　　　　C. 石灰质土　　　　D. 红黄壤土
4. 土壤翻耕整理过程中能促进土壤养分分解释放的主要措施是(　　)。
   A. 灌水　　　　B. 翻耕　　　　C. 晒垡　　　　D. 施肥
5. 营养全面丰富,氨基酸、不饱和脂肪酸含量高,N、P、K 含量高,微量元素丰富的是(　　)。
   A. 厩肥　　　　B. 堆肥　　　　C. 饼肥　　　　D. 骨粉

6. 氮化肥中含负离子 N 的肥料是（　　）。
   A. 尿素　　　　　　B. 硫酸铵　　　　　　C. 碳酸铵　　　　　　D. 硝酸铵
7. 化肥中（　　）属于复合肥。
   A. 硝酸铵　　　　　B. 过磷酸钙　　　　　C. 硫酸钾　　　　　　D. 磷酸二氢钾
8. 在翻耕整地时施肥或施入栽植穴底部与坑土混合均匀的施肥方法是（　　）。
   A. 基肥深施　　　　B. 追肥深施　　　　　C. 有机肥深施　　　　D. 化肥深施
9. 多数木本植物对水分的要求是较耐旱，也能在全湿的土壤中生长，属中生植物，其浇水原则是（　　）。
   A. 干透浇透　　　　B. 宁干勿湿　　　　　C. 间干间湿　　　　　D. 宁湿勿干
10. 叶面追肥尿素的施用浓度是（　　）。
    A. 0.1%　　　　　　B. 0.5%　　　　　　　C. 1.0%　　　　　　　D. 2.0%
11. 叶面追肥施用两种混合肥料，按复合肥的要求一般是（　　）混合施用。
    A. 磷酸二氢钾、尿素　　　　　　　　　　B. 磷酸二氢钾、过磷酸钙
    C. 磷酸二氢钾、氯化钾　　　　　　　　　D. 过磷酸钙、氯化钾
12. 绿地灌溉省水，不占地面，保水保肥，地面不板结，并能增加空气湿度，改善小气候环境的灌溉方法是（　　）。
    A. 沟灌　　　　　　B. 畦灌　　　　　　　C. 橡皮水管灌溉　　　D. 喷灌
13. 绿地灌溉用水，最好用没有污染的河水，因为河水（　　）。
    A. 温度适宜、养分丰富　　　　　　　　　B. 温度适宜、氧气充足
    C. 温度适宜、不含碱　　　　　　　　　　D. 氧气充足、不含碱
14. 大树冬季"刷白"的作用是（　　）。
    A. 保湿、防寒　　　　　　　　　　　　　B. 保湿、防治病虫害
    C. 观赏、防治病虫害　　　　　　　　　　D. 防治病虫害、防寒
15. 冬季培土培肥的作用是（　　）。
    A. 保湿、防寒　　　　　　　　　　　　　B. 保湿、防治病虫害
    C. 保湿、改良土壤　　　　　　　　　　　D. 防寒、积累营养

二、多项选择题（每小题 2 分，共 20 分）

得分	阅卷人	审核人

题号	1	2	3	4	5	6	7	8	9	10
答案	BCD	ABCD	ABCD	ABCD	ABCD	ABCDE	ABC	ABC	ABCDE	ABCD

1. 植物生长发育过程中不能施用没有腐熟的有机肥料的原因是（　　）。
   A. 养分不能分解释放　　　　　　　　　　B. 发酵产生高温危害
   C. 发酵产生有害气体中毒　　　　　　　　D. 发酵造成氧气不足

2. 土床整理做到"碎、匀、平、净"四字原则,"匀"的意思是( )。
   A. 土块打碎均匀　　　　　　　　　　B. 肥料分布均匀
   C. 水分分布均匀　　　　　　　　　　D. 土壤团粒结构均匀
3. 土壤缺氧的原因是( )。
   A. 土壤过于黏重　　B. 雨后土面板结　　C. 土壤水分过多　　D. 有机肥料发酵
4. 土壤清杂内容包括( )。
   A. 清理建筑垃圾　　B. 清理砾石瓦片　　C. 清理残枝残根　　D. 清理异种杂草
5. 土壤改良内容包括( )。
   A. 酸性土掺加石灰或碱性紫色土　　　　B. 碱性土掺加酸性红黄土
   C. 重砂土掺加黏重的红黄壤土　　　　　D. 黏重土掺加细砂、紫色砂土或厩肥土
6. 在规划或计划作绿地的土床上均匀撒施腐熟的有机肥料,有机肥料包括( )。
   A. 腐熟厩肥　　　　B. 腐熟饼肥　　　　C. 腐熟土杂肥
   D. 市场有机肥料　　E. 骨粉
7. 肥料深施的方法包括( )。
   A. 土壤翻耕前施入　　　　　　　　　B. 施入穴底与坑土混合
   C. 围兜沟施覆土　　　　　　　　　　D. 撒施
   E. 叶面喷施
8. 地面灌溉方法包括( )。
   A. 沟灌　　　　　　B. 畦灌　　　　　　C. 橡皮水管灌溉
   D. 喷灌　　　　　　E. 滴灌
9. 植物不同时期施肥的作用不同,分别是( )。
   A. 入冬前结合培土施用腐熟有机肥料,防寒,积累营养,有利于次年生长发育
   B. 春季萌芽前施用腐熟饼肥或复合肥,促进春发,枝叶发育健壮、亮绿
   C. 开花前施肥是促进开花大,品质好,色浓鲜艳,防止落花落果
   D. 开花后施肥是促进果实成熟,果实增大,果实营养充分,防止落果
   E. 修剪后施肥是促进分枝,侧枝迅速萌发,生长健壮,叶色亮绿
10. 树木冬季防寒的主要措施有( )。
    A. 地面覆盖　　　　B. 树干刷白　　　　C. 薄膜包裹枝叶　　D. 草绳包裹树干

三、判断题(每小题 2 分,共 20 分)

		得分	阅卷人	审核人

题号	1	2	3	4	5	6	7	8	9	10
答案	√	√	√	√	√	×	×	×	√	√

( )1. 根据树种的生长势及定型要求,在不同的生育时期对树体或树冠内枝叶进行疏枝、整理,剪去病虫害枝、枯枝、徒长枝、平行枝、交叉枝和畸形枝等。

（　　）2. 如遇夏、秋季连续干旱天气，为确保大树叶片不萎蔫应每15天浇水一次，灌水浇透。

（　　）3. 生长期依树木生长状况施用腐熟饼肥或复合肥，因缺肥生长不良的、长势不太好的依树木大小每株深施腐熟饼肥或复合肥0.5kg，薄肥勤施。

（　　）4. 桩景枝片经修剪萌芽后，对枝片萌芽进行摘心，抑制小枝徒长，保持定型形式，同时促进侧枝生长，使枝片茂密。

（　　）5. 桩景枝条生长过长或不符合定型要求时，应将枝条攀扎成形，采用铜丝、铅丝或棕丝攀扎。

（　　）6. 依据草皮生长规律及状况施肥，保证草皮正常生长、枝叶茂密、亮绿、不徒长，要求在割草前施肥。

（　　）7. 补植、补绿工作是为了保持绿地完整，增加养护工程量，争取最大效益。

（　　）8. 绿地保洁将清理出来的垃圾进行归堆，用箩筐等器具摆放于隐蔽的地方，夜晚焚烧，做到日产日清。

（　　）9. 为防止草长出边界，保持草坪整洁、边线整齐优美，在割草后对草坪边界运用切边机进行切边。

（　　）10. 小面积的草坪中耕用四齿耙打洞中耕松土，不翻土，保证草皮根系生长。一般每季度中耕一次。

四、简答题（每小题15分，共30分）

题号	1	2	得分	阅卷人	审核人
小题得分					

1. 简述大树的养护流程和措施。

答：养护流程是浇水→施肥→整枝→冬季养护。

（1）浇水　大树浇水依土壤干燥程度而定，保证大树生长的土壤湿度，保持土壤含水量在40%以上，大树不会因缺水而枯萎死亡。如遇夏、秋季连续干旱天气，为确保大树叶片不萎蔫应每15天浇水一次，灌水浇透。

（2）施肥　大树施肥依其生长规律及状况而定，保证大树正常生长、枝繁叶茂、不徒长。根据树木生长规律于入冬前、春季萌芽前和生长期施肥。

① 入冬前结合培土施用腐熟有机肥料，防寒，积累营养有利于次年生长发育。依树木大小每株覆盖施用腐熟有机肥料5～10kg。

② 春季萌芽前施用腐熟饼肥或复合肥，促进春发，枝叶发育健壮、亮绿。依树木大小每株深施腐熟饼肥或复合肥（20-10-20，下同）0.5kg。

③ 生长期依树木生长状况施用腐熟饼肥或复合肥，因缺肥生长不良的、长势不太好的依树木大小每株深施腐熟饼肥或复合肥0.5kg，薄肥勤施。

（3）整枝　根据树种的生长势及定型要求，在不同的生育时期对树体或树冠内枝叶进行疏枝、整理，剪去病虫害枝、枯枝、徒长枝、平行枝、交叉枝和畸形枝等。

（4）冬季养护

① 培土：保护根系、防寒。入冬前结合施肥在树体基部覆盖 5～10cm 厚的充分腐熟的有机肥料或土杂肥。

② 刷白：防治病虫害、防寒。入冬前用调制的 15% 的石灰水将树干下部 1m 高刷白。

③ 防寒：防止热带树种受冻害。棕榈科植物如华盛顿棕榈等遇严寒应用塑料薄膜包裹枝叶，用草绳包裹树干。

2. 简述土壤翻耕和树木栽植穴基肥深施的技术要点。

答：（1）在规划或计划做绿地的土床上均匀撒施腐熟的有机肥料，要求施用较干燥的腐熟厩肥、土杂肥、市场有机肥料和腐熟饼肥等。

（2）土床上施用基肥依面积而定，较干燥的腐熟厩肥、土杂肥等有机肥料每 100m^2 撒施 50～100kg 或较干燥的腐熟饼肥每 100m^2 撒施 5～10kg。

（3）树木栽植穴内施用基肥依穴的大小而定，每穴施用较干燥的腐熟厩肥、土杂肥等有机肥料每 5～10kg 或较干燥的腐熟饼肥 0.5～1kg。穴内基肥和穴底客土要拌匀。

（4）如果施用复合肥料（20-20-20），一般每 100m^2 撒施 2～3kg，每穴撒施 0.2～0.3kg 与穴底客土拌匀。

8.2 园林绿化养护管理技术训练习题（实际操作部分）

试题名称：土、肥、水管理（测定某园林绿地土壤的酸碱度）

一、任务描述

用 pH 试纸测定某园林绿地土壤的酸碱度。要求正确制备待测液，会正确取土样。做好技能抽查前准备工作，具备良好的心理素质；具有严谨认真的工作态度，在考试过程中体现良好的工作习惯；操作熟练，不损坏器具，工作台面清洁卫生，器具安放井然有序。

二、实施条件

序号	类别	名称	规格	单位	数量	备注
1	仪器	pH 试纸		份	2	1人用
		标准比色卡		份	1	1人用
	器皿	烧杯	50mL	个	1	1人用
		量筒	25mL	个	1	1人用
		玻璃棒		根	2	1人用
		取土器		个	1	1人用
2	耗材	蒸馏水		mL	1000	1人用
3	测评专家	每 10 名考生配备一名考评员。考评员要求具备 3 年以上园林生产管理经验或 2 年以上教学及实训指导经验或具有相应的高级职称				

三、考核时量

考试时间为 90 分钟。

四、评分标准

评价项目		配分	考核内容及要求	评分细则
职业素养	基本素养	10	尊敬老师和现场工作人员,文明参考;具备良好的职业素养和心理素质;认真做好抽查前的各项准备工作	职业素养差扣 3～5 分,准备不充分扣 3～5 分,有不文明行为扣 10 分
	操作规范	10	具有严谨认真的工作态度和良好的工作习惯;不损坏器具,工作台面(现场)清洁卫生,器具安放井然有序	工作不严谨扣 3～5 分,损坏仪器设备扣 10 分,工作台面(现场)清洁卫生差扣 10 分
测定土壤酸碱度	土样取样	15	取样有代表性、准确,加液操作规范	取样不准确,加液操作不规范扣 5～7 分
			水土比符合要求	水土比不符合要求扣 5～8 分
	待测液的制备	15	搅拌 1～2min,静止 5min	时间不正确扣 5～15 分
	比色卡使用	40	pH 试纸使用正确,比色正确	使用方法不正确扣 5～20 分,比色不正确扣 5～20 分
总结报告		10	过程总结思路清晰,方法科学,结论正确,语句通顺	思路不清、语句不通顺扣 5～10 分

8.3 园林绿化养护管理技术(修剪整形)训练习题(理论知识部分)

班级:_____ 姓名:_____ 成绩:_____

一、单项选择题(每小题 2 分,共 30 分)

得分	阅卷人	审核人

题号	1	2	3	4	5	6	7	8	9	10
答案	A	B	C	D	C	D	C	B	A	C
题号	11	12	13	14	15					
答案	A	C	B	D	D					

1. 根据树木休眠的状态,可分为( )。
A. 自然休眠和被迫休眠 B. 浅休眠和熟休眠
C. 深休眠和浅休眠 D. 自然休眠和深休眠

2. (　　)是将植物的一年生或多年生枝条的一部分剪去,以刺激剪口下的侧芽萌发,抽发新梢,增加枝条数量,多发叶多开花。它是园林植物修剪整形最常用的方法。
   A. 剪　　　　　　B. 截　　　　　　C. 疏　　　　　　D. 除蘖
3. 一般来说,树冠内膛的弱枝,因光照不足,枝内营养水平差,应行(　　)剪,以促进营养生长转旺。
   A. 强　　　　　　B. 弱　　　　　　C. 重　　　　　　D. 轻
4. 树冠外围生长旺盛,对于营养水平较高的中、长枝,应(　　)剪,促发大量的中、短枝开花。
   A. 强　　　　　　B. 弱　　　　　　C. 重　　　　　　D. 轻
5. 常绿树没有明显的休眠期,春夏季可随时修剪生长过长、过旺的枝条,使剪口下的叶芽萌发。常绿针叶树在(　　)月进行短截修剪,还可获得嫩枝,以供扦插繁殖。
   A. 3—4　　　　　B. 5—6　　　　　C. 6—7　　　　　D. 7—8
6. 园林植物修剪时期分为生长期(春季或夏季)修剪和(　　)修剪。
   A. 休眠期(春季)　B. 休眠期(夏季)　C. 休眠期(秋季)　D. 休眠期(冬季)
7. 一年内多次抽梢开花的植物,花后及时修去花梗,使其抽发新枝,开花不断,延长观赏期,如紫薇、(　　)等观花植物。
   A. 樱花　　　　　B. 梅花　　　　　C. 月季　　　　　D. 春鹃
8. 修剪枝条的剪口要平滑,与剪口芽成(　　)角的斜面,从剪口的对侧下剪,斜面上方与剪口芽尖相平。
   A. 30°　　　　　B. 45°　　　　　C. 60°　　　　　D. 90°
9. 有明显主干型灌木,修剪时应保持原有树形,主枝分布均匀,主枝短截长度应不超过(　　)。
   A. 1/2　　　　　B. 1/3　　　　　C. 1/4　　　　　D. 1/5
10. 枝条短截时应留外芽,剪口应位于留芽位置上方(　　)。
    A. 0.3cm　　　　B. 0.4cm　　　　C. 0.5cm　　　　D. 0.6cm
11. 修剪直径(　　)以上大枝及粗根时,截口必须削平并涂防腐剂。
    A. 2cm　　　　　B. 3cm　　　　　C. 4cm　　　　　D. 5cm
12. 对于生长季移植的落叶树,根据不同树种在保持树形的前提下应(　　)剪,保证成活。
    A. 强　　　　　　B. 弱　　　　　　C. 重　　　　　　D. 轻
13. 园林植物几何造型的前提和基础是植物的(　　)和生物技术处理手法,目的是要达到园林植物的观赏造型艺术效果和实用功能。
    A. 形状特征　　　B. 生态习性　　　C. 生长状况　　　D. 园林用途
14. 用作绿篱、色块、造型的苗木,在种植后按(　　)整形修剪。
    A. 形状特征　　　B. 生态习性　　　C. 生长状况　　　D. 设计要求
15. 常绿树修剪时期一般在冬季已过的(　　),即树木将发芽萌动之前是常绿树修剪的适期。
    A. 立春　　　　　B. 早春　　　　　C. 春分　　　　　D. 晚春

二、多项选择题（每小题 2 分，共 20 分）

	得分	阅卷人	审核人

题号	1	2	3	4	5	6	7	8	9	10
答案	BC	ABC	ABE	CE	ABC	ACDE	ABCDE	ABCDE	ABCD	ABC

1. 生长速度快，萌芽力与成枝力均强，耐修剪的园林植物最适宜造型，最典型的是（　　）。

    A. 石榴树　　　　B. 绣线菊　　　　C. 桃树
    D. 大丽花　　　　E. 罗汉松

2. 园林树木的整形方式一般有（　　）。

    A. 自然式　　　　B. 人工式　　　　C. 混合式
    D. 随意式　　　　E. 放任式

3. 灌木更新的方式可分为（　　）。

    A. 平茬　　　　　B. 台刈　　　　　C. 折裂
    D. 剪梢　　　　　E. 逐年疏干

4. 绿篱更新的方式可分为（　　）。

    A. 里芽外蹬　　　B. 回缩　　　　　C. 平茬
    D. 环剥　　　　　E. 台刈

5. 灌木逐年疏干更新修剪应该（　　）。

    A. 去老留幼　　　B. 去密留疏　　　C. 去弱留强
    D. 云叶留枝　　　E. 去枝留干

6. 属于园林树木混合式整形的有（　　）。

    A. 杯形　　　　　B. 长方形　　　　C. 疏散分层形
    D. 自然开心形　　E. 中央领导干形

7. 藤木类的整形修剪方式常有（　　）。

    A. 棚架式　　　　B. 凉廊式　　　　C. 篱垣式
    D. 附壁式　　　　E. 直立式

8. 缓和枝条长势可用方法有（　　）。

    A. 里芽外蹬　　　B. 圈枝　　　　　C. 摘心
    D. 拿枝　　　　　E. 轻短截

9. 去顶修剪适用于（　　）。

    A. 萌芽力强的树木
    B. 生长空间受到限制的树木
    C. 土壤太薄或根区缩小而不能支撑的大树
    D. 因病虫害而明显枯顶枯梢的树木
    E. 病害蔓延严重的树木

10. 绿篱的整形方式包括（　　）。
A. 自然式　　　　B. 半自然式　　　C. 整形式
D. 混合式　　　　E. 随意式

三、判断题（每小题 2 分，共 30 分）

题号	1	2	3	4	5	6	7	8	9	10
答案	√	√	×	×	×	×	×	×	√	√
题号	11	12	13	14	15					
答案	×	×	√	√	×					

（　）1. 园林树木夏季修剪的主要手法有疏枝、摘心等。
（　）2. 夏季修剪在栽培管理中具有重要作用，其主要手法有除萌、抹芽。
（　）3. 截枝式修剪多用于雪松、女贞等萌枝力较强的树种。
（　）4. 一般来说，阔叶篱的修剪次数少于针叶篱。
（　）5. 一般情况下，叶篱修剪在休眠期进行为宜。
（　）6. 园林树木冬季修剪的主要手法有短截、扭梢等。
（　）7. 对一年生枝条的短截称为回缩，多在冬季修剪中采用。
（　）8. 一般情况下，花篱修剪时期主要以落叶前为宜。
（　）9. 整形修剪，因去除树体枝叶量而使整体起到抑制作用。
（　）10. 修剪的双重作用是刺激与抑制。
（　）11. 杯状整形属人工形体式整形。
（　）12. 树木修剪时，如果去掉顶芽或顶部，顶端优势随即消失。
（　）13. 采用修剪法以促进各主枝间或侧枝间生长势近于平衡时，其原则是"强主枝强修剪，弱主枝弱修剪；强侧枝弱修剪，弱侧枝强修剪"。
（　）14. 园林树木整形修剪中，开张枝条的主要方法有撑枝、拉枝。
（　）15. 绿篱树种的选择，要求枝叶繁茂、叶大萌浓、耐修剪。

四、简答题（每小题 10 分，共 20 分）

题号	1	2	得分	阅卷人	审核人
小题得分					

1. 简述园林树木修剪的时期和主要修剪手段。
答：园林植物修剪时期分为生长期（春季或夏季）修剪和休眠期（冬季）修剪。
生长期修剪的主要内容：去蘖、抹芽，两年生枝条开花灌木花后的整形、回缩、疏枝、短截，月季等一年多次开花灌木的去残花、短截等修剪。此期花木枝叶茂盛，影响到树体内部通风和采光，因此需要进行修剪。
休眠期修剪的主要内容：更新修剪，大树、行道树修剪，当年生枝条开花灌木的整形、回缩、疏枝、短截，两年生枝条开花灌木的整理修剪。落叶树适合在休眠期修剪，因落叶树从落叶开始至春季萌发前，树木生长停滞，树体内营养物质大都回归根部贮藏，修剪后养分损失最少，且修剪的伤口不易被细菌感染腐烂，对树木生长影响较小，大部分树木的修剪工作在此时间内进行。也可以在生长期根据植物生长情况和栽植要求多次进行。

2. 简述灌木修剪的原则与方法。

答：（1）花、果观赏类灌木。① 春季开花的落叶灌木：花后修剪为主；② 夏秋开花的落叶灌木：花前修剪为主；③ 一年多次开花的灌木：除休眠期剪除老枝外，应在花后短截新梢，以提升再次开花的数量和质量。

（2）枝叶类观赏灌木。每年冬季和早春重剪，以后轻剪。剪除失去观赏价值的多年生枝条。

（3）放任灌木的修剪与灌木更新。修剪改造，逐步去掉老干，去掉过密枝条。

8.4 园林绿化养护管理技术（修剪整形）训练习题（实际操作部分）

试题名称：花坛绿篱修剪

一、任务描述

校园栽植的花坛绿篱。操作要求：根据花坛的形状和所栽植绿篱植物的生长特性进行修剪；修剪手法正确，工具使用熟练，刀口锋利紧贴篱面，不漏剪少重剪，旺长突出部分多剪，弱长凹陷部分少剪，直线平面处可拉线修剪；每种绿篱植物要求修剪高度一致，花坛整体造型美观；注意安全，出现安全事故立即终止考核；考核之前请准备好卫生工具，考核结束后，清理现场。

二、实施条件

序号	类别	名称	规格	数量	备注
1	材料	杜鹃、红桎木、金边黄杨、金边六月雪、红叶石楠等	模纹花坛	每平方米49株	不同花坛现场定
2	用具	割灌机		台	必备
		平剪、枝剪、钢卷尺等		把	必备
3	耗材	笔	圆珠笔	30 支	必备
		纸	16k	30 张	必备
4	测评专家	每10名考生配备1名考评员。考评员要求具备3年以上从事园林植物整形修剪养护的工作经历			

三、考核时量

考试时间为 90 分钟。

四、评分标准

评分项目	评分要素	配分	考核内容与标准	评分细则
工具使用	修剪工具的选择	10	根据植物的实际情况合理选用修剪工具	不按要求的扣1～5分
	修剪工具的使用	10	修剪工具使用方法正确，操作熟练	不按要求的扣1～5分
整形修剪	植物整形	25	造型平整、美观、名实相符	不按要求的扣1～15分
	修剪操作	35	植株丰满、匀称、线条流畅、修剪强度合理	不按要求的扣5～10分
剪后整理	场地整理	10	收集修剪枝叶，完成场地清理	不按要求的扣5～10分
	工具保养	10	正确进行工具保养	不按要求的扣5～10分
否定项	若考生因操作不规范，引发安全事故，则应及时终止其考核，考核成绩记为零			

8.5 园林绿化养护管理技术（病虫害防治）训练习题（理论知识部分）

班级：_____   姓名：_____   成绩：_____

一、单项选择题（每小题2分，共30分）

	得分	阅卷人	审核人

题号	1	2	3	4	5	6	7	8	9	10
答案	B	A	D	B	A	C	D	A	B	C
题号	11	12	13	14	15					
答案	A	D	B	D	C					

1. 动物中不属于昆虫的是（　　）。
A. 螳螂　　　　　　B. 蝎子　　　　　　C. 蚂蚁　　　　　　D. 蝉
2. 胃毒剂可用来防治（　　）口器的害虫。
A. 咀嚼式　　　　　B. 刺吸式　　　　　C. 虹吸式　　　　　D. 锉吸式
3. 事实中可称为植物病害的是（　　）。
A. 用枝干人工培养食用菌　　　　　B. 树木枝干上长出可以食用的真菌
C. 树木被风折断　　　　　　　　　D. 叶片萎蔫
4. 苗木猝倒病常发生在（　　）。
A. 幼苗出土前　　　　　　　　　　B. 幼苗出土后、真叶尚未展开前
C. 真叶展开后　　　　　　　　　　D. 苗木生长中后期

5. 多汁的病害标本为了保存其原有的（　　）、形状、症状特点，必须用浸渍法保存。
   A. 水分　　　　　　B. 体积　　　　　　C. 色泽　　　　　　D. 质量
6. 把 50% 氧化乐果乳油 10mL 稀释 20 倍，需加水（　　）mL。
   A. 20　　　　　　　B. 200　　　　　　C. 190　　　　　　D. 500
7. 在我国传播松材线虫病的主要是（　　）。
   A. 光肩星天牛　　　B. 青杨天牛　　　　C. 黄斑星天牛　　　D. 松墨天牛
8. 月季黑斑病为害的部位主要是月季、玫瑰的（　　）。
   A. 叶片　　　　　　B. 叶柄　　　　　　C. 花瓣　　　　　　D. 幼嫩枝
9. 金叶女贞褐斑病侵害金叶女贞的（　　）。
   A. 叶片　　　　　　B. 叶片和嫩枝　　　C. 花瓣　　　　　　D. 嫩枝
10. 大叶黄杨尺蠖幼虫取食大叶黄杨的（　　）。
    A. 叶片　　　　　　B. 枝条　　　　　　C. 叶片和枝条皮层　D. 嫩枝
11. （　　）的幼虫是在树上结茧化蛹的。
    A. 黄刺蛾　　　　　B. 绿刺蛾　　　　　C. 扁刺蛾　　　　　D. 褐刺蛾
12. 桑天牛成虫在树皮上咬的产卵刻槽的形状呈（　　）。
    A. 眼状　　　　　　B. 圆形　　　　　　C. V 形　　　　　　D. U 形
13. 樱花褐斑穿孔病通常在（　　）先发病，逐渐扩展。
    A. 树冠上嫩叶　　　B. 树冠下老叶　　　C. 树冠上老叶　　　D. 树冠下嫩叶
14. 月季白粉病主要以菌丝在感病植株的（　　）内越冬。
    A. 枝条　　　　　　B. 叶片　　　　　　C. 果实　　　　　　D. 休眠芽
15. 花木煤污病的典型症状是在植物叶片产生（　　）煤污层。
    A. 褐色　　　　　　B. 灰色　　　　　　C. 黑色　　　　　　D. 暗色

二、多项选择题（每小题 2 分，共 20 分）

				得分	阅卷人	审核人

题号	1	2	3	4	5	6	7	8	9	10
答案	ACE	ACD	ABD	ACE	ABCE	CD	ADE	ABCE	ABCD	ABDE

1. 病原中属于非侵染性病原的有（　　）。
   A. 天气干旱　　　　B. 真菌　　　　　　C. 土壤板结
   D. 细菌　　　　　　E. 土壤缺铁
2. （　　）现象属于园林植物病状。
   A. 黄化　　　　　　B. 黑色粉状物　　　C. 花叶
   D. 溃疡　　　　　　E. 白色粉状物
3. 判断真菌性病害的主要依据有（　　）。
   A. 在感病部位产生病斑且病斑上有霉状物、粉状物、锈状物、点状物
   B. 产生菌核　　　C. 有明显恶臭味　　D. 产生菌索

E. 只有明显的病状,没有病症
4. 咀嚼式口器害虫的为害方式包括（   ）等。
   A. 卷叶   B. 传播植物病毒病   C. 钻蛀   D. 吸汁   E. 潜叶
5. 防治刺吸式口器的园林植物害虫可选择（   ）。
   A. 内吸剂   B. 触杀剂   C. 熏蒸剂   D. 胃毒剂   E. 生物农药
6. 园林植物上常见的半翅目害虫有（   ）。
   A. 蚜虫   B. 介壳虫   C. 网蝽   D. 盲蝽   E. 叶螨
7. 下列（   ）属于园林植物钻蛀性害虫。
   A. 天牛   B. 蛴螬   C. 叶甲   D. 小蠹虫   E. 木蠹蛾
8. 利用害虫的趋性，人为设置（   ）来诱杀害虫的方法称为诱杀法。
   A. 饵木   B. 潜所   C. 毒饵   D. 毒环   E. 灯光
9. 杀虫剂根据进入昆虫体内的途径，可分为（   ）等。
   A. 触杀剂   B. 胃毒剂   C. 内吸剂   D. 熏蒸剂   E. 保护剂
10. 园林植物叶、花、果病害主要有（   ）。
    A. 白粉病   B. 锈病   C. 丛枝病   D. 叶斑病   E. 霜霉病

三、判断题（每小题 2 分，共 30 分）

	得分	阅卷人	审核人

题号	1	2	3	4	5	6	7	8	9	10
答案	√	√	×	×	×	√	×	√	√	×

题号	11	12	13	14	15
答案	√	×	×	√	×

（   ）1. 对病害发生发展起促进和延缓作用的因素被称为发病条件。

（   ）2. 非侵染性病害一般大面积同时发生，表现同一症状。

（   ）3. 寄生性强弱与致病性强弱有一定的相关性，一般病原物寄生性越强，其致病性也越强。

（   ）4. 锈病典型症状是在被害部位初期出现白色粉状物。

（   ）5. 脓状物是真菌性病害在病部溢出的含有真菌菌体的脓状黏液。

（   ）6. 园林技术措施防治是通过一系列栽培技术措施的合理应用，调节病原物、寄主和环境条件之间的关系，创造有利于园林植物生长发育而不利于病原物生存的条件，从而减轻病害的发生。

（   ）7. 煤污病的致病作用是其病原菌分泌毒素，毒害植物细胞。

（   ）8. 低龄幼虫体壁薄，农药易穿透，易于触杀；高龄幼虫体壁硬化，抗药性强，防治困难。

（　　）9. 在温室和大棚内，可采用黄板诱杀有翅蚜、粉虱等害虫。

（　　）10. 糖醋液诱杀的方法可用来防治园林植物上的介壳虫。

（　　）11. 利用熏蒸剂防治温室中的害虫时，提高环境温度，可提高杀虫效果。

（　　）12. 将 40% 氧化乐果 500mL 稀释 75 倍，需加水 37.5L。

（　　）13. 环境湿度大有利于园林植物虫害发生，干旱有利于昆虫病害流行。

（　　）14. 园林植物"五小害虫"通常指介壳虫、蚜虫、粉虱、蓟马、叶螨。

（　　）15. 昆虫被病原真菌感染以后，症状为虫体变软，组织与器官腐烂且有恶臭味。

四、简答题（每小题 10 分，共 20 分）

题号	1	2	得分	阅卷人	审核人
小题得分					

1. 如何防治危害园林树木的天牛？

答：危害园林树木的天牛属于钻蛀性害虫，幼虫钻蛀园林植物的枝干，成虫取食树叶和枝条皮层。防治措施如下：

（1）园林措施防治。对在天牛发生严重的绿化地，应针对天牛取食树种种类选择抗性树种，避免其严重为害；加强管理，增强树势；伐除受害严重虫源树（除古树名木外），合理修剪，及时清除园内枯立木、风折木等。

（2）人工防治。一是利用成虫羽化后在树冠活动（补充营养、交尾和产卵）的一段时间，人工捕杀成虫。二是寻找产卵刻槽，可用锤击、手剥等方法消灭其中的卵。三是用铁丝钩杀幼虫。

（3）饵木诱杀。对公园及其它风景区古树名木上的天牛，可采用饵木诱集成虫产卵，通过处理诱木以减少虫口密度。

（4）生物防治。利用天敌如人工招引啄木鸟，利用天牛肿腿蜂、啮小蜂等。

（5）药剂防治。在幼虫为害期，先用镊子或嫁接刀将有新鲜虫粪排出的排粪孔清理干净，然后塞入磷化铝片剂或磷化锌毒签，并用黏泥堵死其它排粪孔，或用注射器注射 80% 敌敌畏、50% 杀螟松 50 倍液。在成虫羽化前喷 2.5% 溴氰菊酯触破式微胶囊。

2. 简述园林植物叶斑病的防治方法。

答：（1）及时清除病叶、病残体，集中烧毁，减少病原。

（2）加强栽植管理，增强植株长势，提高抗病力。

（3）进行轮作（温室内可换土）。

（4）改进浇水方法，有条件者可采用滴灌，尽量避免对植株直接喷浇；保持通风透光。

（5）药剂防治，在发病初期及时用药。药剂可选用 50% 多菌灵可湿性粉剂 600～800 倍液、65% 代森锌可湿性粉剂 600～800 倍液、70% 代森锰锌可湿性粉剂 600 倍液、50% 克菌丹可湿性粉剂 500～600 倍液、40% 甲基托布津可湿性粉剂 1000 倍液等。隔 10～15 天喷 1 次，连续 3～5 次，注意药剂要交替使用。

8.6 园林绿化养护管理技术（病虫害防治）训练习题（实际操作部分）

试题名称：化学农药的使用技术

一、任务描述

在 90min 内正确写出 5 个农药品种的防治对象、防治适期、主要剂型和使用方法。

按表格形式填写 5 个常用杀虫剂、杀菌剂、除草剂等农药品种的防治对象、防治适期、主要剂型和使用方法；操作过程中，要轻拿轻放，注意安全；任务完成后做好现场清扫、工具归位等工作。

二、实施条件

序号	类别	名称	规格	数量	备注
1	材料	阿维菌素、氧化乐果、百菌清、溴氰菊酯、农达	包装或瓶装	每种农药一包（瓶）	必备
2	用具	记录板		30 块	必备
3	耗材	笔	圆珠笔	30 支	必备
		纸	16k	30 张	必备
4	测评专家	每 10 名考生配备 1 名考评员。考评员要求具备 5 年以上园林企业从事园林植物病虫害防治工作经历			

三、考核时量

考试时间为 90 分钟。

四、评分标准

评价项目	配分	考核内容及要求	评分细则
防治对象	40	常用的 5 种化学农药防治的害虫类别、病害种类、杂草种类	每错一项扣 8 分，不完整扣 1～7 分
防治适期	20	能根据害虫类别、病害种类、杂草种类确定防治适期	每错一种扣 4 分，不完整扣 1～3 分
剂型及防治方法	40	能根据害虫类别、病害种类、杂草种类确定剂型及使用方法	每错一种扣 8 分，不完整扣 1～7 分
否定项		若考生因操作不规范，引发安全事故，则应及时终止其考核，考核成绩记为零	

附录

附表 1　拟投入本工程的主要施工设备表

序号	设备名称	型号规格	数量/个	国别产地	制造年份	额定功率/kW	生产能力	用于施工部位	备注
1	农用运输车	EQ145	2	中国	2006	108	良好	仓库	
2	洒水车	ST	2	日本	2006	108	良好	工地	
3	高压喷雾器	WP-2X	2	美国	2008	1.5	良好	工地	
4	手提式剪草机	BC3400	6	中国	2007	3.3	良好	仓库	
5	绿篱修剪机	HT2300	6	中国	2006	22.2	良好	仓库	
6	皮卡车	江铃	2	中国	2008	103	良好	工地	
7	背负式喷雾器	564A	8	日本	2007	3	良好	仓库	
8	割灌机	130	1	中国	2006	1.5	良好	工地	
9	高压治虫机	WLY-100	2	中国	2007	1150	良好	仓库	

附表 2　拟配备本工程的试验和检测仪器设备表

序号	仪器设备名称	型号规格	数量/个	国别产地	制造年份	已使用台时数	用途	备注
1	水准仪	DS6	3	中国	2007	2 年	测量	
2	经纬仪	DT610	2	日本	2006	3 年	测量	
3	pH 试纸	—	100 张	中国	2008	1 年	测试土壤酸碱度	
4	皮尺	—	10	中国	2006	3 年	测量	
5	水准尺	—	5	中国	2003	6 年	测量	

附表3 　劳动力计划表

单位：人

工种	按工程施工阶段投入劳动力情况	
	正常保养情况下	保养低峰期
保洁工	15	5
绿化工	60	25
养护工	45	13
其他人员	28	10
管理人员	8	3
安全员	3	2

参考文献

[1] 何桂林. 园林养护工培训教材 [M]. 北京：金盾出版社，2008.

[2] 李娜. 园林绿化养护管理 [M]. 北京：化学工业出版社，2014.

[3] 张秀英. 园林树木栽培养护学 [M]. 北京：高等教育出版社，2005.

[4] 李名扬. 园林植物栽培与养护 [M]. 重庆：重庆大学出版社，2016.

[5] 孙立平. 园林植物识别与应用 [M]. 重庆：重庆大学出版社，2015.

[6] 祝遵凌. 园林树木栽培学 [M]. 南京：东南大学出版社，2015.

[7] 郭淑英. 园林苗圃 [M]. 重庆：重庆大学出版社，2015.

[8] 陈其兵. 园林绿地建植与养护 [M]. 重庆：重庆大学出版社，2014.

[9] 贾祥云. 风景园林管理与法规 [M]. 重庆：重庆大学出版社，2013.

[10] 郑明琴. 城市园林绿化养护精细化管理及其对园林景观设计的影响 [J]. 农业与技术，2022, 42(10): 136-139.

[11] 张奇. 浅谈市政园林绿化施工与养护管理 [J]. 技术与市场，2022, 29(01): 190, 192.

[12] 梁永龙. 园林景观绿化养护管理方式分析与研究 [J]. 农业科技与信息，2021(23): 88-90.

[13] 巩向忠. 园林绿化养护技术要点及养护管理对策 [J]. 安徽农学通报，2021, 27(20): 58, 68.

[14] 姚健飞. 城市公共空间乔灌木养护探析 [J]. 花卉，2020(10): 85-86.

[15] 赵新勇. 园林机械在园林绿化养护中的应用现状与对策 [J]. 绿色科技，2019(17): 73-74.

[16] 刘敏. 长沙市芙蓉区道路绿化养护管理现状调查与分析 [D]. 湖南农业大学，2019.

[17] 贾红梅，闫文涛. 浅析城镇园林绿化养护中存在的问题及对策 [J]. 黑龙江农业科学，2018(11): 161-163.

[18] 王卫兵，邱雪. 园林景观工程非宜季大树移植的技术和管理要点 [J]. 陕西林业科技，2017(03): 76-78.

[19] 周蔓霞，范义荣，石柏林，等. 园林绿化苗木反季节移栽调查分析 [J]. 江苏林业科技，2010, 37(02): 11-14, 19.